U0108308

3小時讀通

週期表

日本名古屋工業大學榮譽教授 **齋藤勝裕**◎著
國立台灣大學化學系名譽教授　劉廣定◎審訂
曾心怡◎譯

　　本書透過週期表來認識原子的結構、特性與反應。說到週期表，大家可能會想起高中時代討厭的化學，使心情沮喪起來，但本書絕非艱澀無趣的書，相反地，本書企圖邀請大家進入簡單有趣的週期表世界，以進一步踏入化學的世界。

　　宇宙由物質所組成，所有物質由原子所組成。宇宙中存在的物質種類無限多，但組成物質的原子僅有90幾種，這90幾種原子聚集、結合成分子，分子再聚集成物質。

　　原子的結構很單純，像雲合成的球狀物，正中間有小小的原子核。原子核周遭圍繞著電子雲，裡面有帶一個正電荷的質子，質子數量稱為原子序Z；組成電子雲的電子帶負電荷（–1），數量與質子數（原子序Z）一樣，因此整個原子呈電中性。

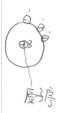

　　把這些原子集合成的元素，依照原子序的編號排列，排成一列列元素列，可以看出許多有趣的事。Z=1是氫、Z=3是鋰、Z=11是鈉、Z=19是鉀，都是容易失去電子、形成＋1的陽離子，原子性質相似。把這些性質相似的元素排成直行，依序排列成表，則成週期表。就好像每七天是一星期，星期組成月。月曆的排列是星期一到日，

週期表則是同族元素，同族的性質和反應特性類似。

　　了解這些再看週期表，可以大致推測元素的特性，例如：1族元素容易形成1價陽離子，2族元素容易形成2價陽離子，以此類推。這是週期表的價值和意義。

　　從週期表看來，奧林匹克的金、銀、銅獎牌，在週期表上位於11族；白金（鉑）和鈀，與金、銀並稱貴金屬，排在金、銀的兩邊。

　　大家所熟知的核能燃料鈾、鈽位於週期表的末端，是很大的元素，而核能未來燃料的釷（$Z=90$）也是大元素。

　　稀土金屬近來是熱門話題，具有發光性、磁性等特殊性質，是雷射及半導體記憶體不可或缺的原料，也可利用強力磁性製成超小型馬達，是現代科學常見的元素。稀土金屬屬於3族元素，共有17個。

　　但在這17個元素中，有15個元素並未排在週期表本表，而是排在週期表下方，像贈品一樣寫在另外的表格裡，這15個稀土金屬元素屬於鑭系元素，宛如15胞胎，彼此長得很像。

　　週期表呈現元素的結構，尤其能忠實呈現電子組態，而電子組態決定原子的性質及反應，所以可以理所當然地說，週期表能呈現原子性質、反應。

　　拿起本書，你會發現高中時代覺得很困難的週期表，竟然可以如此生動活潑、有魅力。學習週期表可說是踏入化學的第一步，我相信閱讀本

書，你會對週期表感到親切，而親近化學，甚至燃起對化學的熱情。

　　最後感謝努力製作本書的SoftBank Creative石周子先生、為本書畫出有趣插圖的井口千穗小姐，以及各參考書目的作者及出版社。

齋藤勝裕

CONTENTS

CONTENTS

什麼是原子

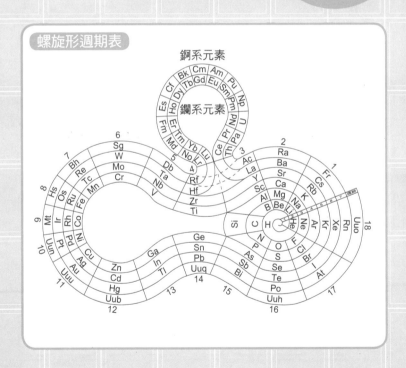

螺旋形週期表

鋼系元素

鑭系元素

118元素週期表

	1	2	3	4	5	6	7	8	9
1	₁H 氫								
2	₃Li 鋰	₄Be 鈹							
3	₁₁Na 鈉	₁₂Mg 鎂							
4	₁₉K 鉀	₂₀Ca 鈣	₂₁Sc 鈧	₂₂Ti 鈦	₂₃V 釩	₂₄Cr 鉻	₂₅Mn 錳	₂₆Fe 鐵	₂₇Co 鈷
5	₃₇Rb 銣	₃₈Sr 鍶	₃₉Y 釔	₄₀Zr 鋯	₄₁Nb 鈮	₄₂Mo 鉬	₄₃Tc 鎝	₄₄Ru 釕	₄₅Rh 銠
6	₅₅Cs 銫	₅₆Ba 鋇	鑭系元素	₇₂Hf 鉿	₇₃Ta 鉭	₇₄W 鎢	₇₅Re 錸	₇₆Os 鋨	₇₇Ir 銥
7	₈₇Fr 鍅	₈₈Ra 鐳	錒系元素	₁₀₄Rf 鑪	₁₀₅Db 𨧀	₁₀₆Sg 𨭎	₁₀₇Bh 𨨏	₁₀₈Hs 𨭆	₁₀₉Mt 䥑

鑭系元素	₅₇La 鑭	₅₈Ce 鈰	₅₉Pr 鐠	₆₀Nd 釹	₆₁Pm 鉕	₆₂Sm 釤	₆₃Eu 銪
錒系元素	₈₉Ac 錒	₉₀Th 釷	₉₁Pa 鏷	₉₂U 鈾	₉₃Np 錼	₉₄Pu 鈽	₉₅Am 鎇

本書解說週期表各元素排列的規則，以及族、週期的共同性質及個別特性。了解不同的族群分類，可以對週期表有深入的認識。第 1 章請重新建立關於原子的基礎概念吧！

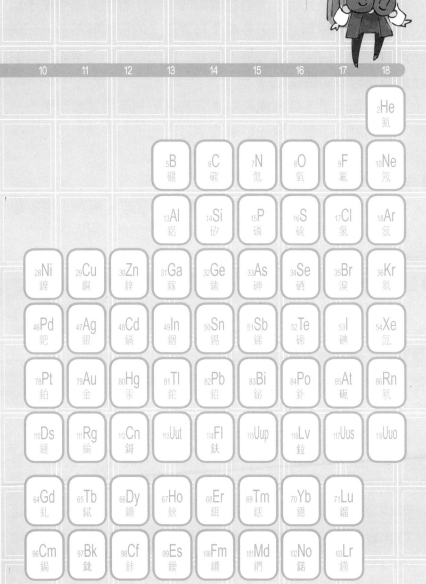

1-1

原子的形成

　　宇宙由種類多到數不清的物質組成，而所有物質都由原子組成，那麼原子的種類是無限多囉？其實原子的種類並不多。到底原子的種類有多少呢？要看你怎麼分，我先告訴你，構成物質的原子的種類只有90種左右*。

　　只有90種原子，卻組成無限多的物質，到底是怎麼辦到的？讀完本書你就能了解。我先以英文字母與句子的數量來比喻。英文字母只有26個，但組成的句子數量卻無限大。

❶ 宇宙的誕生

　　宇宙大約誕生於137億年前的大霹靂。當時，稱為「宇宙起源」的東西突然大爆炸，產生原子、時間及空間，創造宇宙的一切。

❷ 原子的誕生

　　宇宙起源爆炸的碎片──氫元素H，四散紛飛像雲般擴散，漸漸分出濃淡，產生密度不均的現象。濃的地方重力較大，聚集「氫雲」，變得越來越濃，使中心形成高壓，接著磨擦生熱。在高溫高壓中，2個氫原子進行核融合反應，形成1個氦原子He，同時產生巨大能量，創造出太陽等恆星。

　　恆星的核融合，使3個氦原子經核融合作用，產生碳原子**，接著慢慢產生更大的原子。恆星是原子誕生的地方，但核融合產生的原子僅到鐵，比鐵更大的原子，不是靠核融合形成。

　　形成鐵的恆星，無法再由核融合反應來產生能量，沒有能量，恆星會收縮，不久便失去質量與能量的平衡而爆炸，產生比鐵更大的原子。

　　宇宙經過這樣的過程，產生約90種原子，原子聚集成行星，

行星上的原子組成物質，形成生物。而將所有原子分類，可製作
成週期表。

*審訂註：這只是一種說法，有人認為這個週期表中前98種元素地球上都有。

**審訂註：詳細過程為「2個氦原子融合成鈹原子，再與第3個氦原子融合產生碳原
　　　　子」。

原子和元素有什麼不同

週期表依原子序排列元素，像月曆依日期排列，每七天成一列。月曆可以說是日期的週期表，化學的週期表可以說是元素的月曆。

❶ 原子和元素

本書的主題是週期表，希望讀者透過週期表，重新認識化學，因此最重視基本知識，只要有疑問，絕不馬虎帶過，一定會說明清楚。

化學最基本的概念是「元素」和「原子」，週期表將「元素」依「原子序」排列。那麼元素和原子到底是什麼？元素和原子是不同的東西嗎？

這定義很複雜，但還是稍做說明。

原子是物質，而元素不是物質*。這樣說會產生新問題：物質是什麼？物質是具有體積及質量（重量）的東西。因此，原子像石頭，可以算出1個、2個或6×10^{23}個（亞佛加厥數）。如果未來研發出檢測儀器，或許可以拍到1個原子的照片，現在科學家拍到的原子照片，有些模糊，但還是可以看出原子的外形。

❷ 元素

和原子不同，「元素」沒有質量與體積。元素不是物質而是個抽象概念，不具有原子性質，是一個集合名詞。

台灣人是一個集合名詞，不是指單獨的個人，個人可以數，但集合名詞不可數。元素的意義相當於「台灣人」，而原子則是你和我這樣的「個人」。每個「個人」都是真正的人，但「台灣人」不是真正的人，而是一個統稱，代表一群有某種共通點的人。這是元素和原子的不同。而「台灣人」由個人所組成，同樣

地，「氧元素」裡面有很多「氧原子」**。

元素是原子的集合，具有特殊性質。週期表是把性質相近的元素排列起來的表。

*審訂註：原作者的這種説法不完全正確，依據國際純粹暨應用化學聯盟（IUPAC）對化學元素所下的定義是「指某一種類原子，其所有原子的原子核中的質子數都相同。」原作者用族群與個人來比喻，以「白馬非馬」的哲學辯論方式解説元素和原子，一般讀者容易誤解，請注意。
**審訂註：同上註。

1-3 原子的形狀

沒有人看過原子。我們可以拍攝原子的照片,看出一個個原子的活動情形,但原子的形狀沒人親眼看過。如今,綜合各種實驗結果,大家認為原子是雲狀的球體。

❶ 電子雲與電子核

看起來像雲的東西,稱為**電子雲**e,是多個電子的集合體。電子帶1個負電荷,電子雲的中心有帶正電的原子核。具有Z個電子的原子,原子核會有Z個正電荷,互相抵銷,形成電中性的原子。

❷ 原子的大小

原子是非常小的粒子,直徑約10^{-10}m。將原子放大成乒乓球,放大比率等同於將乒乓球放大成地球,可見原子有多小。

原子核的直徑約為10^{-14}m,為原子直徑的萬分之一,若原子核直徑為1cm,原子的直徑則為10^4cm=10000cm=100m。如果把日本東京巨蛋視為2個合在一起的巨大原子,原子核就像在投手丘上的小鋼珠。

❸ 電子雲的性質

原子的質量99.9%以上位於原子核。原子的電子雲體積雖然巨大,卻像空虛的雲朵。然而,支配原子性質及反應的並不是原子核,而是電子。我們看別人,看到的是最外層所穿的衣服(電子雲),而不是裸體(原子核)。原子的電子雲相當於人的衣服(最外層)當原子與其他原子接觸,最先產生反應的是原子外層的電子雲。

化學反應是由電子雲引起的現象,所以化學可以說是研究電子雲的科學。

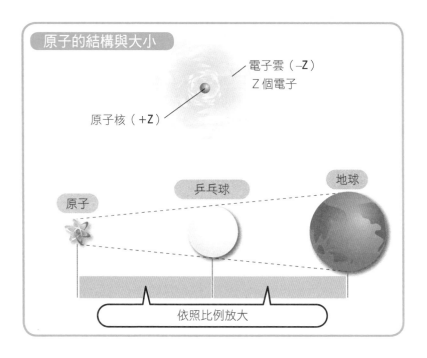

原子的結構與大小

電子雲（－Z）
Z 個電子

原子核（＋Z）

原子　　　乒乓球　　　地球

依照比例放大

1-4

原子序

原子有原子核及電子兩種粒子，而原子核進一步可分為兩種粒子。

❶ 質子與中子

原子核由數種粒子組成，這些粒子統稱為核子，主要為質子p與中子n，兩者的重量幾乎相同，表示為質量數=1。1個質子帶1個正電荷，中子則不帶電荷呈電中性。

❷ 原子序與質量數

組成原子核的質子數量稱為原子序，以記號Z表示。原子序Z的原子，原子核有Z個質子，電荷為+Z，電子雲由Z個電子組成，電荷為-Z，使原子呈電中性。

原子的性質、反應由電子決定，因此原子序Z是決定原子性質及反應的重要數字。

組成原子核的質子與中子個數和，稱為質量數，以記號A來表示。A、Z依照規定寫在元素符號的左上方和左下方（請參考P.21）。因此，原子核的中子數是A減Z。

❸ 核結合能

將核子結合成1個原子核，所需的能量稱為核結合能，核結合能的大小與質量數的關係如右表。越下面的結合能，絕對值越大，越安定。

由表可知，週期表中，質量數60、原子序60的鐵Fe，原子最安定，比鐵小的原子核進行核融合，會放出多餘的能量，稱為核融合能；但比鐵大的原子即使融合，也不會放出能量，這說明為什麼形成恆星的原子僅到鐵為止。

鈾（U）原子很大，會分裂變小，放出能量，稱為核分裂

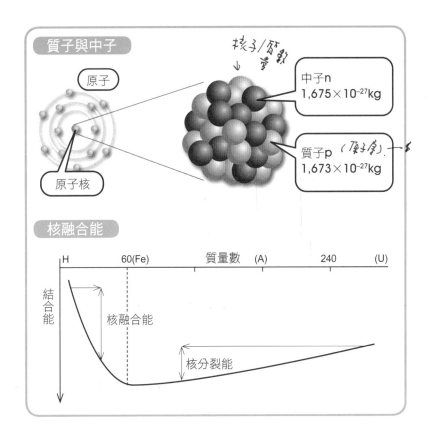

能，是原子反應爐的能量。

質子與中子

原子

核子/質數
↓ 章

中子n
$1,675 \times 10^{-27}$kg

質子p（原子序）
$1,673 \times 10^{-27}$kg

原子核

核融合能

H　　60(Fe)　　質量數　(A)　　240　(U)

結合能

核融合能

核分裂能

1-5 同位素

❶ 同位素　　　　　　正電荷相同

屬於同一元素，質子數相同，但中子數不同的原子，互稱為同位素。

所有原子都有同位素，氫有三種同位素：^{1}H（H：氫）、^{2}H（D：氘）、^{3}H（T：氚）。鈾的同位素包含作為原子反應爐燃料的^{235}U及無法作為原子反應爐燃料的^{238}U。

同位素在天然元素中所佔的比率（%濃度）稱為同位素豐度，同一種元素可能因產地不同，有不同的同位素豐度。測量同位素豐度，可推斷這個同位素來自哪個地區。

❷ 同位素與元素　　　　中子

同位素之間的不同在於原子核，但電子數及電子雲完全相同，所以同位素具有相同的化學性質及化學反應，不管是^{1}H、^{2}H或^{3}H，化學性質完全相同*，只是因重量不同而有不同的運動能力，因此很難區分氘與氫。

了解同位素，元素的定義會更清楚。元素是指原子序相同的一類原子，其中原子的質量數不一定相同。

❸ 原子量　　　　中子

原子量表示原子的重量，定義方式很複雜。首先，定義碳同位素^{12}C的相對質量為12，再與這個值比較，來決定每一種同位素（^{1}H、^{2}H、^{3}H）的相對質量，最後依同位素豐度，取相對質量的重量平均值。因此，^{1}H佔氫原子量的99.8%，幾乎等於^{1}H的質量1.008；溴的兩種同位素^{79}Br與^{81}Br，比率接近1:1，原子量為兩者的中間值79.90。

依據此計算方式，原子的同位素豐度改變，原子量會跟著改

變。目前已知月球上的氦He比地球含有更多^{3}He，所以月球的氦原子量比地球的氦小。

元素符號的表現方式

質量數＝質子數＋中子數

$$^A_Z W$$

原子序＝質子數

同位素的例子

	氫			碳			氧		氯		溴	
符號	^1H (H)	^2H (D)	^3H (T)	^{12}C	^{13}C	^{14}C	^{16}O	^{18}O	^{35}Cl	^{37}Cl	^{79}Br	^{81}Br
質子數	1	1	1	6	6	6	8	8	17	17	35	35
中子數	0	1	2	6	7	8	8	10	18	20	44	46
豐度（％）	99.98	0.015	極微量	98.90	1.10	極微量	99.76	0.20	75.76	24.24	50.69	49.31
原子量	1.008			12.01			16.00		35.45		79.90	

*審訂註：實際上，氕、氘、氚的性質稍異，其他較重元素的同位素之間，性質差異
　　較小。

1-6 亞佛加厥數

一打鉛筆由12枝鉛筆所組成，所以鉛筆的單位是打。同樣地原子、分子或離子也有單位，稱為莫耳，1莫耳由6×10^{23}個原子所組成。

❶ 亞佛加厥數

原子非常小，重量很輕。沒有天秤可以秤出1個原子的重量，必須將許多原子聚集在一起測量，要是能聚集好幾億或好幾兆個原子，便能用公克為單位表示原子量。

這種成為原子量（g）的群體個數是亞佛加厥數，任何原子聚集到亞佛加厥數的量，群體的重量值就等於原子量，單位為1莫耳。以鉛筆來比喻，莫耳就是「打」，亞佛加厥數是12。

❷ 濃度與總數

一杯180g的水有10莫耳，所以水中約有6×10^{24}個水分子。把這些水分子染色倒進海裡，水會擴散到太平洋，成為雲或雨，擴散到全世界。過幾億年後，等紅色的水均勻混合全世界的水，舀一杯海水來看看吧！

這杯水中會有多少紅色水分子？

這杯水約有1000個紅色水分子，可見亞佛加厥數有多大。

討論環境問題，常聽到的濃度單位為ppm或ppb。ppm是parts/million，意指100萬分之一，台灣桃園縣人口為200萬，因此2個桃園縣人就是100萬分之一。ppb是parts/billion，意指10億分之一，亦即10^{-9}，是全印度11億人口中的1人，亦即1ppb，兩者的濃度都非常稀薄。

但，在1杯水混入1ppb的不同水分子，數量會是多少？$6 \times 10^{24} \times 10^{-9} = 6 \times 10^{15}$，竟然有6000兆個。以濃度來考慮可能很

低，但個數卻很龐大，因此對環境來說，濃度限制與總量限制的差別很大。

1-7
放射性

　　分子經過化學反應，會變成別的分子，但原子在化學反應前後不變。如果原子A變成原子B，代表原子核發生變化，此反應稱為核反應，會放出部分的核子及能量。

❶ 放射線

　　核反應A→B會放出原子核A的部分核子、電子及能量，一般稱為核衰變，會釋放出放射線的能量。核衰變有數種，詳情請見下一節，這裡先來看放射線。

　　放射線包含α射線、β射線、γ射線、中子線等，如右表所示。

　　α射線是^{4}He原子核的高速流動，中子線是中子n的高速流動，β射線是電子e$^-$的流動。γ射線是電磁波，波長短、能量高。不管是哪一種射線對生物體來說，都會危及性命。

　　原子A發生衰變，原子A的數量會減少，減少到最初數量的一半所需的時間稱為半衰期，半衰期越短代表反應速度越快。若時間經過為半衰期的2倍，原子A的量會變成原本的（1/2）^{2}=1/4。

❷ 放射能

　　同一個元素的不同同位素，有的會產生核衰變，有的不會。會引起核衰變的同位素，稱為放射性同位素。氫原子有^{1}H、^{2}H、^{3}H三種同位素，只有^{3}H是放射性同位素，會產生β衰變，半衰期12.4年。

　　可以產生放射線的能力，稱為放射性，因此氫的同位素只有^{3}H是具有放射性的放射性同位素。

　　以棒球比喻，放射性同位素是投手，放出的射線是球，投手

必須具有放射性。遇到觸身球，打擊者會受傷，若放射線接觸到
生物，對生物來說也很危險。

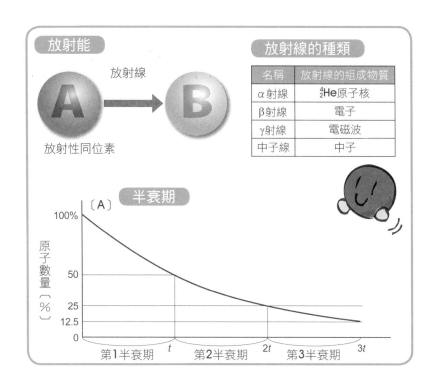

名稱	放射線的組成物質
α射線	$^4_2$He原子核
β射線	電子
γ射線	電磁波
中子線	中子

1-8 核衰變與原子核

核反應包含核融合、核分裂、核衰變等，此節介紹核衰變。

❶ 核衰變

核衰變指原子核A放出放射線，變成另一個原子核B。

A→B+放射線

放出α射線的衰變，稱為α衰變；放出β射線的衰變，稱為β衰變，以此類推。

核衰變可以用反應式表示，右圖舉例說明。核衰變反應式的重點在於，左右兩邊都寫有原子序和質量數A。

Ⓐ α衰變： α射線為氦原子核，質量數4，原子序2。因此原子核A產生α衰變而形成B，生成的原子核B，質量數和原子序會比A的小（反應式1）。

Ⓑ β衰變： β射線是電子，電荷為−1，可以看成質量數0、原子序−1，因此生成的原子核質量數不變，原子序增加1（反應式2）。β衰變是中子n分裂成質子p和電子e⁻（β射線），因為增加1個質子，原子序增加1，中子與質子的總數，與質量數相同，所以質量數沒有變化（反應式3）。

Ⓒ γ衰變： γ射線是電磁波，沒有原子序，沒有質量數。即使原子核A產生γ衰變，生成的原子核還是A，但放出能量讓A變得不安定，這樣的原子核一般稱為介穩定（metastable，或稱為介穩態），在反應式中會加上星號標記成A*（反應式4）。通常A*會繼續發生衰變，變成另一種原子核。

❷ 放射性衰變鏈

不穩定的原子核A發生衰變，變成另一種原子核B，但產生的B不穩定，會再發生衰變、變成C、再變成 D，持續發生變化，

這種變化稱為放射性衰變鏈。目前已知有從鈾U開始變化的鈾衰變鏈、錒衰變鏈、從釷Th開始的釷衰變鏈等。最後統統會變成安定的原子，成為原子序82的鉛Pb。

核衰變的反應式

$$^A_Z A \longrightarrow \ ^4_2 He \ + \ ^{A-4}_{Z-2} B \qquad （反應式1）$$

α射線

$$^A_Z A \longrightarrow \ ^{\ 0}_{-1} e^- \ + \ ^A_{Z+1} B \qquad （反應式2）$$

β射線

$$^1_0 n \longrightarrow \ ^{\ 0}_{-1} e^- \ + \ ^1_1 p \qquad （反應式3）$$

$$^A_Z A \longrightarrow \ E \ + \ ^A_Z A^* \qquad （反應式4）$$

γ射線

什麼是電子

	1	2	3	4	5	6	7	8	9
1	₁H								
2	₃Li	₄Be							
3	₁₁Na	₁₂Mg							
4	₁₉K	₂₀Ca	₂₁Sc	₂₂Ti	₂₃V	₂₄Cr	₂₅Mn	₂₆Fe	₂₇Co
5	₃₇Rb	₃₈Sr	₃₉Y	₄₀Zr	₄₁Nb	₄₂Mo	₄₃Tc	₄₄Ru	₄₅Rh
6	₅₅Cs	₅₆Ba		₇₂Hf	₇₃Ta	₇₄W	₇₅Re	₇₆Os	₇₇Ir
7	₈₇Fr	₈₈Ra	鋼系元素	₁₀₄Rf	₁₀₅Db	₁₀₆Sg	₁₀₇Bh	₁₀₈Hs	₁₀₉Mt

	₅₇La	₅₈Ce	₅₉Pr	₆₀Nd	₆₁Pm	₆₂Sm	₆₃Eu
鋼系元素	₈₉Ac	₉₀Th	₉₁Pa	₉₂U	₉₃Np	₉₄Pu	₉₅Am

第 2 章要認識電子組態與結構。電子位於原子的位置（電子殼層）很重要，因為原子的最外層電子會決定原子的特性。電子殼層分為不同軌域。

10	11	12	13	14	15	16	17	18
								₂He
			₅B	₆C	₇N	₈O	₉F	₁₀Ne
			₁₃Al	₁₄Si	₁₅P	₁₆S	₁₇Cl	₁₈Ar
₂₈Ni	₂₉Cu	₃₀Zn	₃₁Ga	₃₂Ge	₃₃As	₃₄Se	₃₅Br	₃₆Kr
₄₆Pd	₄₇Ag	₄₈Cd	₄₉In	₅₀Sn	₅₁Sb	₅₂Te	₅₃I	₅₄Xe
₇₈Pt	₇₉Au	₈₀Hg	₈₁Tl	₈₂Pb	₈₃Bi	₈₄Po	₈₅At	₈₆Rn
₁₁₀Ds	₁₁₁Rg	₁₁₂Cn	₁₁₃Uut	₁₁₄Fl	₁₁₅Uup	₁₁₆Lv	₁₁₇Uus	₁₁₈Uuo
₆₄Gd	₆₅Tb	₆₆Dy	₆₇Ho	₆₈Er	₆₉Tm	₇₀Yb	₇₁Lu	
₉₆Cm	₉₇Bk	₉₈Cf	₉₉Es	₁₀₀Fm	₁₀₁Md	₁₀₂No	₁₀₃Lr	

2-1 電子殼層

原子由原子核和電子雲構成，而電子雲由許多電子組成，但這些電子並不是只聚集在原子核周圍，而有特定的範圍。

❶ 電子殼層

原子內，電子所在的範圍稱為電子殼層，呈球形，由好幾層重疊而成。電子殼層的名稱從最接近原子核的位置依序由內往外為K層、L層、M層……等，從英文字母K開始依序命名。

從K開始是因為當初發現K層的人並沒有K層已是最內層電子殼層的證據，為了以後如果能發現更內層的電子殼層而保留英文字母的前半部。

電子會填入電子殼層，但不是任意的軌域，而是有固定的電子數量：K層2個、L層8個、M層18個、N層32個……等。

❷ 量子數

電子殼層的固定數量是簡單的級數，以n為正整數，固定數量是$2n^2$。

正整數n稱為量子數，量子數在K層為1，在L層為2，在M層為3，在N層為4，以此類推。

量子數是週期表中的重要數值，這裡所形成的量子數n稱為主量子數，還有角量子數l、磁量子數m、旋量子數s等，下一節再來看量子數的意義。

電子殼層的結構

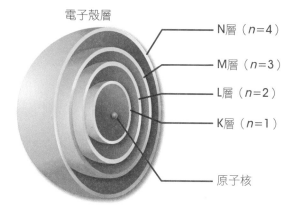

電子殼層

N層（$n=4$）

M層（$n=3$）

L層（$n=2$）

K層（$n=1$）

原子核

量子數

電子殼層是從K層
開始命名呀！

固定數量$=2n^2$

$n=$正整數：（主）量子數

2-2 量子數

物質世界可以用牛頓力學來解釋，但像原子、電子那麼小的粒子無法用牛頓力學來解釋，一定要用量子力學。將量子力學用於化學，稱為量子化學。

❶ 量子化

量子化學最重要的概念是量子化，單位是量子。我們來看個例子吧！

我們可以自由取用自來水，不管是333mL或1428mL，這樣的量稱為「連續量」，但是市售的礦泉水不同。舉例來說，一瓶礦泉水的容量是1L，因此即使你只需要333mL，也不能只買333mL，而想要1428mL，必須買兩瓶，這樣的量稱為「經過量子化」的量。

❷ 量子化與量子數

在原子、分子的世界，包括能量等所有量都是量子化的結果，我們將汽車的速度予以量子化吧！啟動靜止的汽車，起始速度是10km/h；踩油門一口氣達到40km/h；再加把勁，到達90km/h；最後加速到160km/h，太快了！要出車禍了！

這是將速度$10n^2$km/h量子化的結果，n是量子數。這例子的n是0、1、2、3……等，包括0的正整數。

金錢也可以量子化，以量子數為單位，可以變成萬量子數、千量子數、百量子數等。

量子化

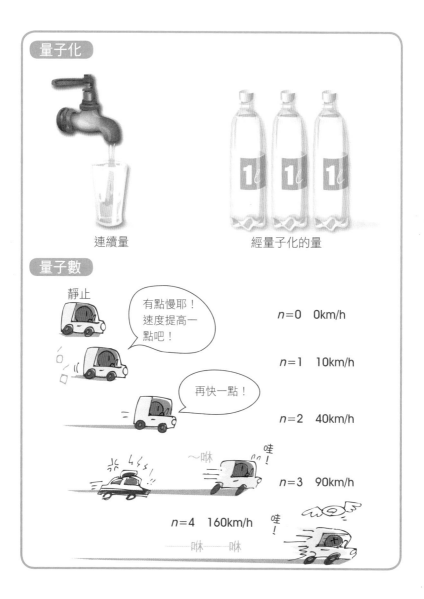

連續量　　　　　　　經量子化的量

量子數

靜止

有點慢耶！速度提高一點吧！

$n=0$　0km/h

$n=1$　10km/h

再快一點！

$n=2$　40km/h

～咻　哇！

$n=3$　90km/h

$n=4$　160km/h

咻——咻

2-3 電子雲

在量子化學的世界裡，一切看起來都很朦朧而會發生不可思議的現象。這個現象依發現者命名，稱為海森堡測不準原理。

❶ 海森堡測不準原理

原子、電子的世界有不可思議的律法：「無法同時正確地決定2個量」，稱為海森堡測不準原理。

光說這樣無法明白這個原理，舉個例來說明吧！

在大佛前拍張紀念照吧！若用老爺爺的傳統相機來拍，想把大佛和人像都拍清楚，結果卻會變得模糊不清；相對地，用最新款高畫素的數位相機，若聚焦在人像上，臉上的痘疤等痕跡都一清二楚，但背景的大佛和山會混在一起；相反地，聚焦在大佛上，人像則變得模糊。

這是因為傳統相機是牛頓力學的原理，而數位相機是量子力學的原理。數位相機只能選擇將焦點放在大佛，或是人像的其中之一，無法兩者都拍清楚，若將其中之一很正確地表現出來，另一方則會顯得很模糊。

❷ 電子的位置

若用海森堡測不準原理來看電子的運動，十分有趣。

電子具有一定的能量，這個「能量」和電子所在的「位置」會形成2個量。若想正確決定能量，電子的所在位置會變得模糊，這個「模糊的位置」即是電子雲的概念，我們在下一節再來討論。

傳統相機：牛頓力學

以海森堡測不準原理來看，焦點只能在電子的能量和位置之間擇一！

← 整張相片都很模糊。

數位相機：量子力學

只有焦點的位置才會清晰。

2-4 電子的外觀

電子是具有能量的，前面提到的海森堡測不準原理，說明無法同時且正確地決定電子的「能量」和「位置」。

❶ 電子雲

現代化學是一種能量的科學，所有現象都可以用能量來解釋，所以電子必須正確定出能量，因此只能讓電子的位置變得朦朧，知道大概的電子位置，以存在機率○○％來表示。

因此電子外觀看起來像電子雲的狀態，顏色較深處，電子存在機率較高，顏色較淺處機率較低。

以重複曝光的照片比喻電子雲或許比較易懂。替電子拍張照片吧！因為電子持續在運動，所以每張照片會拍出電子在不同的位置，將這些照片重複曝光集合成一張照片，電子存在機率高的地方，電子的點會重複、顏色加深，整體看起來像雲。

❷ 軌域

電子在電子軌域中，之前我們認為「電子在軌域的範圍內運行」，而軌域以具有固定半徑的圓來表示，但要注意的是，軌域的英文是orbital，而非火車軌道的orbit，意指「在一定的區域內」。

也就是說，我們無法確定軌域的半徑，只知道在某範圍以內。

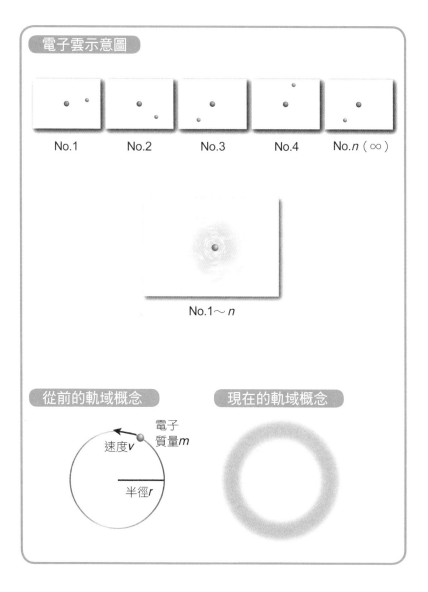

電子雲示意圖

No.1　　　No.2　　　No.3　　　No.4　　　No.*n*（∞）

No.1～ *n*

從前的軌域概念

電子
質量*m*

速度*v*

半徑*r*

現在的軌域概念

電子殼層與軌域

電子會進入電子軌域，其實是電子殼層被分為許多軌域，使電子看似進入軌域。

❶ 電子殼層

電子殼層和軌域的關係可以比喻為飯店樓層和房間。K層是1樓、L層是2樓、M層是3樓，以樓層表示電子殼層的量子數。樓層越高，位能越高，代表電子殼層的能量，越往上方的L層、M層，電子殼層的能量越高，越不安定。

❷ 軌域

在各樓層有房間（軌域），分為s軌域、p軌域、d軌域及f軌域等。s軌域是單人房，p軌域是三人房，d軌域和f軌域各為五人房、七人房。

各樓層的房間種類及間數固定，K層只有1個s軌域，L層有1個s軌域和3個p軌域，M層有1個s軌域、3個p軌域和5個d軌域。同一電子殼層，能量的高低是s軌域＜p軌域＜d軌域，如右下圖所示。

為了明瞭各軌域屬於哪一殼層，在軌域名稱加上樓層的量子數，稱為1s軌域（K層）、2p軌域（L層）等。

各軌域可以容納兩個電子，由於各軌域的數量是固定的，因此電子殼層的電子數亦維持固定。

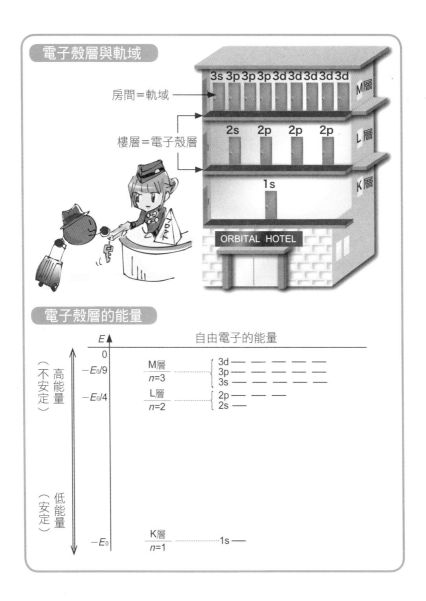

電子殼層與軌域

房間＝軌域

樓層＝電子殼層

3s 3p 3p 3p 3d 3d 3d 3d 3d　M層

2s　2p　2p　2p　L層

1s　K層

ORBITAL HOTEL

電子殼層的能量

自由電子的能量

E

0

（不安定）高能量

$-E_0/9$　M層 $n=3$ ⎰ 3d — — — — —
　　　　　　⎱ 3p — — — — —
　　　　　　　 3s — — — — —

$-E_0/4$　L層 $n=2$ ⎰ 2p — — —
　　　　　　⎱ 2s —

（安定）低能量

$-E_0$　K層 $n=1$ ………… 1s —

2-6

軌域的形狀

　　進入軌域的電子會形成軌域特有的電子雲形狀，即軌域的形狀。

❶ s軌域的形狀

　　基本上，1s軌域呈球形，剖面圖如右圖所示，並沒有明顯的界線，但電子的存在機率最高處（雲的顏色深），可以定義為軌域的位置而可量出球體的半徑。

　　2s軌域的外觀是球形，但剖面圖顯示出分層，層間沒有電子雲，稱為波節面。若電子殼層的量子數為n，則波節面數量為n–1，故n=1的1s軌域並沒有波節面。

❷ p軌域的形狀

　　右圖是2p軌域的形狀，像兩個丸子連在一起。軌域可以分為p_x、p_y、p_z，形狀都一樣，不同的是竹籤方向。但即使只有方向不同，這3個軌域仍是完全不同的軌域，只有能量相等，稱為簡併軌域。

　　2p軌域是$n=2$的M層軌域，有波節面，剛好相當於原子核的位置。

❸ d軌域的形狀

　　3d軌域有5個，能量相等，彼此重疊。

　　這5個軌域有4個呈四葉幸運草的形狀，而$d_{x^2-y^2}$和d_{z^2}軌域的小字是座標軸的平方，表示幸運草的葉片位於座標軸上方；d_{xy}等表示葉片位於座標軸平面。波節面以虛線標示，任一軌域都有2個波節面。

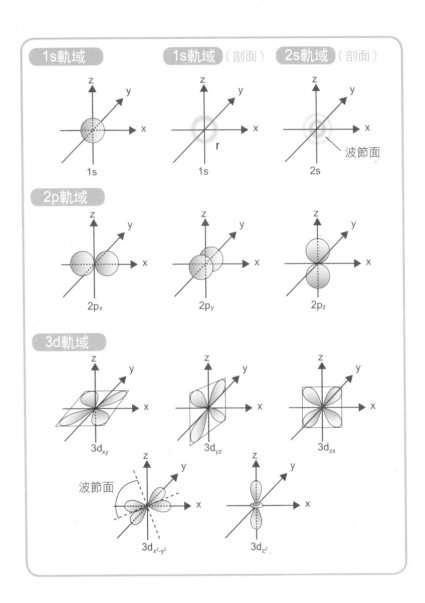

2-7 電子填入軌域的規則

　　填入電子殼層的電子會分別填入各軌域，且遵循規則。

❶ 自旋

　　電子進入軌域的規則有兩種：「罕德定則（Hund's rule）」及「庖立不相容原理（Pauli exclusion principle）」。

　　先來看電子的自旋，自旋方向分為右旋和左旋，在化學中以上下方向的箭頭表示。

❷ 填入規則

　　填入規則包含：

①從能量低的軌域開始依序填入。

　　能量的順序為1s＜2s＜2p＜3s＜3p……能量會越來越高，但高階的規則不像2-5的圖那樣簡單，原因之後再做詳細說明。

②2個電子要進入1個軌域，彼此旋轉方向必須相反。

③1個軌域最多只能填入2個電子。

　　旋轉互相成反方向，以進入軌域的2個電子，稱為電子對；若只有1個電子進入軌域，稱為不成對電子。

④同類軌域中若電子的旋轉方向相同，會比較穩定。

電子填入軌域的規則

①從能量低的軌域開始依序填入。

2p軌域

2s軌域

1s軌域

實際的電子　　箭頭方向
旋轉方向

②2個電子要進入1個軌域，彼此旋轉方向必須相反。

2p軌域

2s軌域

1s軌域

③1個軌域最多只能填入2個電子。

2p軌域

2s軌域

1s軌域

④同類軌域中若電子的旋轉方向相同，會比較穩定。

2p軌域 　 　

2s軌域 　 　

1s軌域 穩定度

2-8
K層與L層的電子組態

　　電子如何填入軌域的方式，稱為電子組態，明白了電子填入規則，接著我們要來探索原子的電子組態。

❶ K層的電子組態

●氫H：電子最初依循規則①從能量低的軌域開始填入，成為不成對電子。

●氦He：第2個電子依規則①②填入1s軌域，再依③成為互為反方向旋轉的電子對。這種電子額滿的電子殼層狀態，稱為封閉殼層（closed shell），特別具有穩定性，而像H電子未填滿的狀態，則為開放殼層。

❷ L層的電子組態

●鋰Li：遵循規則③填滿1s軌域，第3個電子依循①，填入能量次高於1s軌域的2s軌域。

●鈹Be：第4個電子進入2s軌域，成為電子對。

●硼B：第5個電子進入2p軌域。

●碳C：電子進入2p軌域的方式有三：C–1、C–2、C–3，3個2p軌域的能量相同，所以這3種電子組態的能量相同，符合規則④，2個2p軌域的電子與 C–1同向，為安定狀態。像這樣具有穩定電子組態的狀態，稱為基態（ground state），若不依規則填入，則為激發態（excited state）。

●氮N：3個p軌域各填入1個旋轉方向相同的電子，形成3個不對稱電子。

●氧O：p軌域形成1個電子對，和2個不成對電子。

●氟F：有1個不成對電子。

●氖Ne：在L層有8個電子，為封閉殼層。這種1個電子殼層具有

8個電子的結構,稱為八隅體(Octet),特別安定。

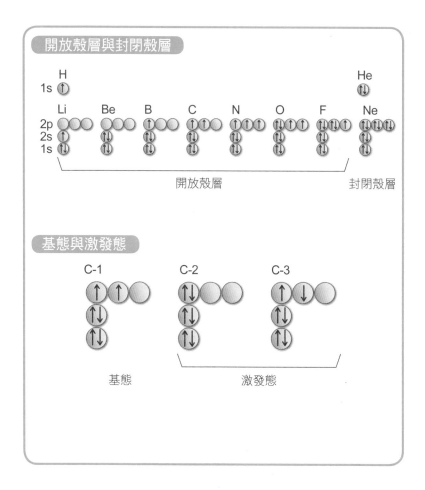

原子性質決定於最外層電子

M層的電子組態和K層、L層是一樣的。

① M層的電子組態

● 鈉Na：3s軌域有不成對電子。

● 鎂Mg：3s軌域形成電子對。

● 鋁Al：3p軌域有不成對電子。

● 矽Si：和碳一樣，有2個不成對電子。

● 磷P：不成對電子增加到3個。

● 硫S：不成對電子減少到2個。

● 氯Cl：不成對電子變成1個。

● 氬Ar：M層填滿，成為封閉殼層。

M層有3d軌域，因此電子的進入方式有點複雜，這是過渡元素與其他元素不同的關鍵，等一下我們再來看過渡元素。

② 最外層電子與價電子

最外側填有電子的電子殼層，稱為最外層；填入最外層的電子，稱為最外層電子。我們只能看見原子的最外層，即最外層電子，這代表原子的特徵、性質都由最外層電子決定。

另外，2個原子碰撞，直接接觸到的是彼此的最外層電子。原子碰撞代表原子反應，因此控制原子反應的是最外層電子。

原子的性質、反應都由最外層電子決定，此外，原子會變成幾價的離子，亦決定於最外層的電子個數，因此最外層電子又稱為價電子。

最外層電子是價電子的元素，一般稱為典型元素。

M層的電子組態

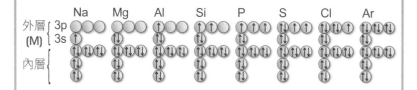

	Na	Mg	Al	Si	P	S	Cl	Ar
外層 3p	○○○	○○○	↑○○	↑↑○	↑↑↑	↑↓↑↑	↑↓↑↓↑	↑↓↑↓↑↓

原子的特徵及反應決定於最外層電子

如何？

好痛　撞！　啊！

從性質到與其他電子的反應，都由最外層電子決定！

什麼是週期表

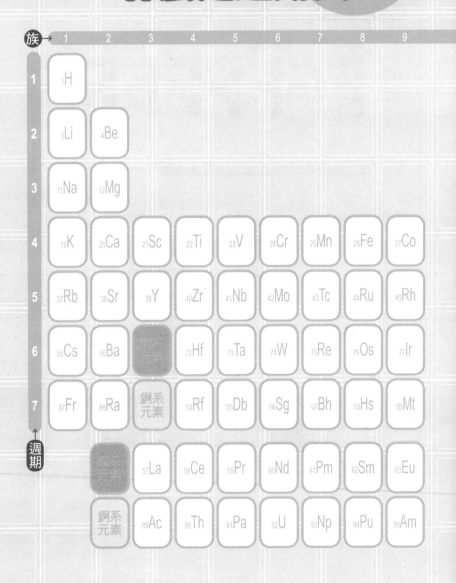

族　1　2　3　4　5　6　7　8　9

週期

	1	2	3	4	5	6	7	8	9
1	₁H								
2	₃Li	₄Be							
3	₁₁Na	₁₂Mg							
4	₁₉K	₂₀Ca	₂₁Sc	₂₂Ti	₂₃V	₂₄Cr	₂₅Mn	₂₆Fe	₂₇Co
5	₃₇Rb	₃₈Sr	₃₉Y	₄₀Zr	₄₁Nb	₄₂Mo	₄₃Tc	₄₄Ru	₄₅Rh
6	₅₅Cs	₅₆Ba	鑭系元素	₇₂Hf	₇₃Ta	₇₄W	₇₅Re	₇₆Os	₇₇Ir
7	₈₇Fr	₈₈Ra	錒系元素	₁₀₄Rf	₁₀₅Db	₁₀₆Sg	₁₀₇Bh	₁₀₈Hs	₁₀₉Mt

鑭系元素	₅₇La	₅₈Ce	₅₉Pr	₆₀Nd	₆₁Pm	₆₂Sm	₆₃Eu
錒系元素	₈₉Ac	₉₀Th	₉₁Pa	₉₂U	₉₃Np	₉₄Pu	₉₅Am

第 3 章要來看週期表的排列規則，以及各族、各週期、鑭系元素與鋼系元素的特徵，從不同角度深入了解週期表。

10	11	12	13	14	15	16	17	18
								₂He
			₅B	₆C	₇N	₈O	₉F	₁₀Ne
			₁₃Al	₁₄Si	₁₅P	₁₆S	₁₇Cl	₁₈Ar
₂₈Ni	₂₉Cu	₃₀Zn	₃₁Ga	₃₂Ge	₃₃As	₃₄Se	₃₅Br	₃₆Kr
₄₆Pd	₄₇Ag	₄₈Cd	₄₉In	₅₀Sn	₅₁Sb	₅₂Te	₅₃I	₅₄Xe
₇₈Pt	₇₉Au	₈₀Hg	₈₁Tl	₈₂Pb	₈₃Bi	₈₄Po	₈₅At	₈₆Rn
₁₁₀Ds	₁₁₁Rg	₁₁₂Cn	₁₁₃Uut	₁₁₄Fl	₁₁₅Uup	₁₁₆Lv	₁₁₇Uus	₁₁₈Uuo
₆₄Gd	₆₅Tb	₆₆Dy	₆₇Ho	₆₈Er	₆₉Tm	₇₀Yb	₇₁Lu	
₉₆Cm	₉₇Bk	₉₈Cf	₉₉Es	₁₀₀Fm	₁₀₁Md	₁₀₂No	₁₀₃Lr	

　　我們在前2章已經做好準備，現在馬上來看重要的週期表吧！首先，週期表是什麼呢？週期表和元素有什麼樣的關係？

❶ 元素的種類

　　到目前為止已發現118種元素，其中114種已有正式名稱，最近發現的4種，只以暫定的名字稱呼，還沒決定正式名稱。在這些元素中，能安定存在於地球的是原子序1的氫H到原子序92的鈾U，但鎝Tc（原子序43）的所有同位素都有放射性，半衰期很短，在地球歷史的46億年間已經消失，因此實際存在的元素種類只有91種。原子序92之後的元素，幾乎都是人類使用原子反應爐製造的，稱為超鈾元素。

❷ 元素與週期表

　　週期表依原子序排列元素，不同的排列方法具有不同意義。世界上有許多種週期表，為避免讀者混淆，我們將這個部分留待本章最後再談。只是，請記得本書所討論的週期表是數種週期表之一，稱為長週期表。以前的週期表，只有第1族到第8族，各族區分為a、b兩種，稱為短週期表，現在已不這麼分類。

　　你可以將週期表想成元素的月曆，月曆以日期的順序排列，每7日為一週，從左到右依序是週日、週一、週二、週三、週四、週五及週六。週日是不用上學的Happy Day，而週一則是必須上學的Blue Monday，日期不同但星期相同，仍「具有相同性質」。

　　月曆的直行，從上面開始依序稱為第一週、第二週，有些月份可能有第五週，一般一個月有四週。

3-2
週期表的骨架：族與週期

我們來看週期表吧！詳細的週期表在第10頁，這裡請看右邊的簡易週期表。

❶ 族

首先，請從表最上方的數字看起，這些數字為1～18，稱為族。

1的下方、從氫H開始的元素稱為1族元素，2下方的元素稱為2族元素，依照這個規則，元素從1族元素到18族元素，分為18種。

如月曆上的所有星期天學校都放假，同族的元素也具有類似性質。因此，知道某元素屬於哪一族，能推測元素的性質。週期表有很多功用，而「不同族，有不同性質」最有用。

❷ 週期

在週期表的最左行，從上方開始數字依序為1～7，稱為週期。排在第1列的元素稱為第1週期元素，排在第2列的元素稱為第2週期元素，依此類推，一直到第7週期元素。

依照週期表，第1週期元素有2個，第2、3週期元素有8個，第4週期元素有18個，第6、第7週期元素則有32個，我們等一下再解說元素個數隨週期變化的原因，請先注意元素個數：2、8、18、32，為$2n^2$，和電子殼層的固定電子數一樣。

❸ 鑭系元素與錒系元素

除了族和週期組成的本表，週期表下面還有2行像附錄的表，這是什麼呢？

這並不是附錄，本應編入週期表，但空間不足，只好另外列在下方。鑭系元素本來是要編入週期表第6週期第3族，錒系元素

則是第7週期第3族，因此第6和第7週期的元素才多達32個。

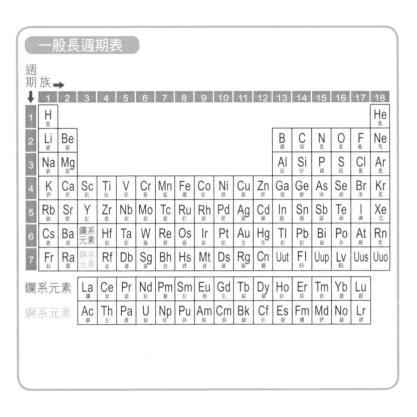

3-3 週期表反映電子組態

週期表源自19世紀門德列夫的元素性質研究，現在我們要從電子組態來做理論介紹。

❶ 第1、第2、第3週期

只在K層填入電子的元素，只有氫H及氦He，所以K層最多有2個電子；在L層填入電子的，有鋰Li到氖Ne共8個元素，即週期表第2週期；在M層填入電子的元素則是第3週期。

週期的號碼等於元素最外層的量子數。第1週期元素的電子，填入n=1的K層，以K層為最外層；第2週期元素的最外層是n=2的L層；第3週期元素的最外層是n=3的M層。週期表可以忠實呈現電子組態。

❷ 族的號碼與價電子數

請看1族元素的電子組態。1族元素的最外層都有1個電子為價電子，填入s軌域。相同地，2族元素在s軌域都有2個價電子。

13族元素都有3個價電子，其中1個進入p軌域；17族元素都有7個價電子；除了He，18族元素都有8個價電子。元素的價電子呈以下規律：1族有1個、2族有2個、13族有3個、He以外的18族有8個，由此可知，族號碼的1位數代表價電子的個數。

同族元素性質相近，是因為具有相同的電子組態。簡言之，同族元素都有相同的價電子數。價電子決定原了的性質與反應，所以同族元素具有相似的性質是理所當然的。

但，其實只有週期表左端的1族、2族，與右端的13族～18族，有此相似性，稱為典型元素。

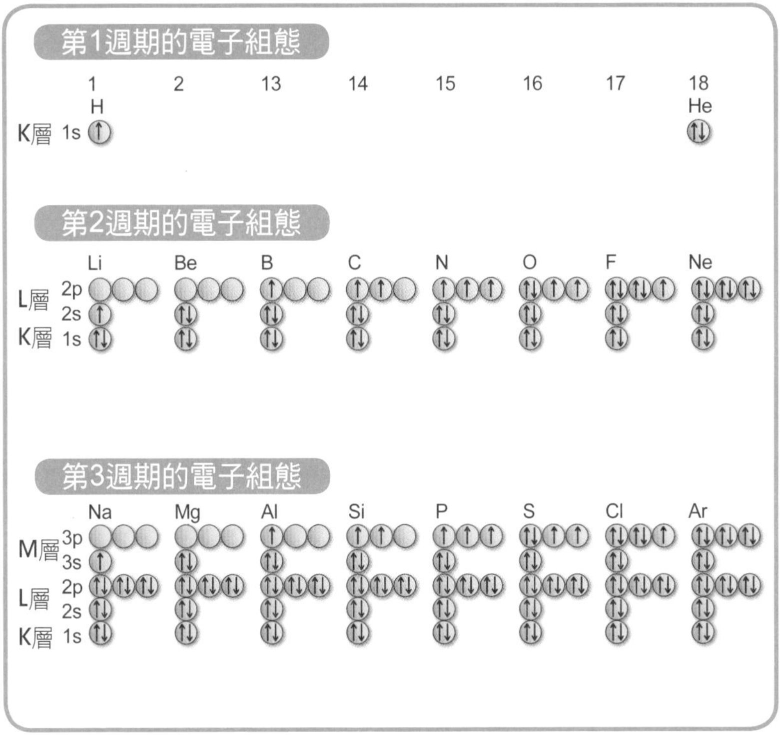

第1週期的電子組態

1	2	13	14	15	16	17	18
H							He

K層 1s

第2週期的電子組態

Li　Be　B　C　N　O　F　Ne

L層 2p / 2s

K層 1s

第3週期的電子組態

Na　Mg　Al　Si　P　S　Cl　Ar

M層 3p / 3s

L層 2p / 2s

K層 1s

典型元素與過渡元素

　　我們已經看過週期表左右兩端的典型元素，那麼在週期表中央，3～11族又是怎樣呢？3～11族的元素統稱為過渡元素。

　　同族的典型元素有相似的特性且不同族元素的差異大，不同族過渡元素的特性卻沒有差別很大。過渡元素的「過渡」，代表位於週期表左右兩端的典型元素之間，不同族元素的性質差異很小。

❶ 軌域能量的重疊

　　過渡元素來自於軌域能量大小順序的變化。

　　右圖是軌域能量（縱軸）和原子序（橫軸）的關係，隨原子序增加，能量會有降低的情形。因為原子序越大，原子核的正電荷越多，使電子間的靜電引力變強，電子呈現比較安定的狀態。

　　請注意圖中能量變化的曲線，s軌域、p軌域的能量隨著原子序增加而「明顯」降低。其中d軌域的變化是階段性的，使d軌域的能量曲線與s軌域、p軌域的能量曲線重疊，逆轉軌域能量排序。

❷ 軌域能量的順序

　　原子序A的元素，軌域能量大小順序為$1s < 2s < 2p < 3s < 3p < 3d < 4s < 4p$；原子序B的元素為$1s < 2s < 2p < 3s < 3p < 4s < 3d < 4p$，由此可見3d軌域與4s軌域的能量逆轉。

　　依電子填入軌域的規則，①從能量低的軌域開始依序填入，電子進入M層的3s、3p軌域之後，不會進入位於M層但能量較高的3d軌域，而是進入外側N層的較低能量4s軌域，在4s軌域填入兩個電子，才填入M層的3d軌域。

　　像這樣，電子不填入最外層，而進入較內層電子殼層，是過

渡元素誕生的秘密。

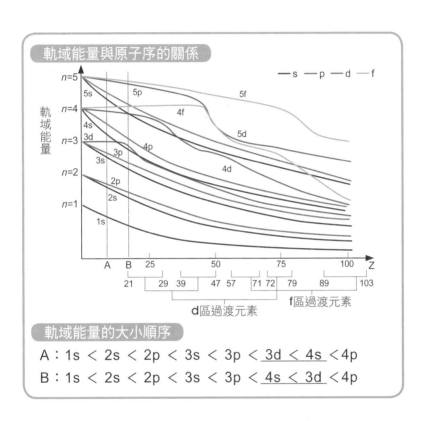

軌域能量與原子序的關係

軌域能量的大小順序

A：$1s < 2s < 2p < 3s < 3p < \underline{3d \leq 4s} < 4p$

B：$1s < 2s < 2p < 3s < 3p < \underline{4s \leq 3d} < 4p$

來看週期表吧！第4週期到原子序20的鈣Ca為止，都是典型元素。觀察鈣Ca的電子組態，4s軌域具有2個電子。

❶ 電子組態表

右表是元素的電子組態表，數字表示填入各軌域的電子個數。由表可知第1、第2、第3週期的最外層電子數為1、2、3……規律增加。

但從第4週期開始，出現有趣的變化。

原子序19的鉀K，電子跳過3d軌域，填入4s軌域，而鈣Ca在4s軌域填入2個原子。這兩種元素新填入的電子都填入最外層——N層，屬於典型元素。

原子序21的鈧Sc，因為內層的3d軌域能量大於外層的4s軌域，使電子先填入外層4s軌域，之後新填入的電子才進入內層3d軌域，而非最外層，這種傾向一直持續到原子序30的鋅Zn。從鈧Sc到銅Cu的元素新填入電子都不是填入最外層，而進入內層的電子殼層，屬於過渡元素。只有鋅Zn例外，鋅通常被視為典型元素。

❷ 典型元素與過渡元素的差異

典型元素新加入的電子填入最外層軌域，因此電子組態讓人一目了然。

但是過渡元素新加入的電子填入內層的d軌域，最外層電子不是1個就是2個，元素間的差異不大。

過渡元素之間的差異不明顯，因此各族之間性質的差異很模糊。不過已知電子填入d軌域，可以使元素的反應產生更多變化。

電子組態表

能量單位	K	L		M			N			
元素	1s	2s	2p	3s	3p	3d	4s	4p	4d	4f
第1週期 1 H	1									
2 He	2									
第2週期 3 Li	2	1								
4 Be	2	2								
5 B	2	2	1							
6 C	2	2	2							
7 N	2	2	3							
8 O	2	2	4							
9 F	2	2	5							
10 Ne	2	2	6							
第3週期 11 Na	2	2	6	1						
12 Mg	2	2	6	2						
13 Al	2	2	6	2	1					
14 Si	2	2	6	2	2					
15 P	2	2	6	2	3					
16 S	2	2	6	2	4					
17 Cl	2	2	6	2	5					
18 Ar	2	2	6	2	6					
第4週期 19 K	2	2	6	2	6		1			
20 Ca	2	2	6	2	6		2			
21 Sc	2	2	6	2	6	1	2			
22 Ti	2	2	6	2	6	2	2			
23 V	2	2	6	2	6	3	2			
24 Cr	2	2	6	2	6	5	1			
25 Mn	2	2	6	2	6	5	2			
26 Fe	2	2	6	2	6	6	2			
27 Co	2	2	6	2	6	7	2			
28 Ni	2	2	6	2	6	8	2			
29 Cu	2	2	6	2	6	10	1			
30 Zn	2	2	6	2	6	10	2			
31 Ga	2	2	6	2	6	10	2	1		
32 Ge	2	2	6	2	6	10	2	2		
33 As	2	2	6	2	6	10	2	3		
34 Se	2	2	6	2	6	10	2	4		
35 Br	2	2	6	2	6	10	2	5		
36 Kr	2	2	6	2	6	10	2	6		

電子組態決定元素的分類

過渡元素是新加入的電子不填入最外層，而填入內層的元素。這種過渡元素有兩種；典型元素也可以分為兩種。

❶ 過渡元素的種類

過渡元素分為以下兩種：

Ⓐ d區過渡元素

過渡元素是新加入電子填入內層的元素，不只有原子序21到29的元素。原子序39的釔Y到47的銀Ag，最外層明明是O層，電子卻進入內側N層的4d軌域。

新加入電子填入內層d軌域的過渡元素，稱為d區過渡元素，或外過渡元素。

Ⓑ f區過渡元素

鑭系元素是原子序57的鑭La到71的鎦，最外層是P層（量子數n=6），新加入的電子卻填入向內2層的N層（n=4）f軌域；這種現象同樣發生在錒系元素，即原子序89的錒Ac到103的鐒Lr（最外層量子數為7、f軌域量子數為5）。這樣的元素稱為f區過渡元素，或內過渡元素。

不管是哪一種，週期表3族到11族的元素稱為過渡元素。另外，3族上面算起的3個元素——鈧Sc、釔Y、鑭，特別稱為稀土金屬。

❷ 元素的種類

過渡元素可以分為d區和f區過渡元素，典型元素也可以進一步分類。

新加入電子填入最外層s軌域的典型元素，稱為s區元素；填入最外層p軌域的，稱為p區元素。此分類可見於週期表。

用週期表看電子組態與元素的分類

週期 ↓　族 ➡

	1	2	3	4	5	6	7	8	9	10	11	12	13	14	15	16	17	18
1	H 氫																	He 氦
2	Li 鋰	Be 鈹											B 硼	C 碳	N 氮	O 氧	F 氟	Ne 氖
3	Na 鈉	Mg 鎂											Al 鋁	Si 矽	P 磷	S 硫	Cl 氯	Ar 氬
4	K 鉀	Ca 鈣	Sc 鈧	Ti 鈦	V 釩	Cr 鉻	Mn 錳	Fe 鐵	Co 鈷	Ni 鎳	Cu 銅	Zn 鋅	Ga 鎵	Ge 鍺	As 砷	Se 硒	Br 溴	Kr 氪
5	Rb 銣	Sr 鍶	Y 釔	Zr 鋯	Nb 鈮	Mo 鉬	Tc 鎝	Ru 釕	Rh 銠	Pd 鈀	Ag 銀	Cd 鎘	In 銦	Sn 錫	Sb 銻	Te 碲	I 碘	Xe 氙
6	Cs 銫	Ba 鋇	鑭系元素	Hf 鉿	Ta 鉭	W 鎢	Re 錸	Os 鋨	Ir 銥	Pt 鉑	Au 金	Hg 汞	Tl 鉈	Pb 鉛	Bi 鉍	Po 釙	At 砈	Rn 氡
7	Fr 鍅	Ra 鐳	錒系元素	Rf 鑪	Db 𨧀	Sg 𨭎	Bh 𨨏	Hs 𨭆	Mt 䥑	Ds 鐽								

鑭系元素
La 鑭	Ce 鈰	Pr 鐠	Nd 釹	Pm 鉕	Sm 釤	Eu 銪	Gd 釓	Tb 鋱	Dy 鏑	Ho 鈥	Er 鉺	Tm 銩	Yb 鐿	Lu 鎦

錒系元素
Ac 錒	Th 釷	Pa 鏷	U 鈾	Np 錼	Pu 鈽	Am 鋂	Cm 鋦	Bk 鉳	Cf 鉲	Es 鑀	Fm 鐨	Md 鍆	No 鍩	Lr 鐒

☐ d區過渡元素　　　■ s區元素

☐ f區過渡元素　　　☐ p區元素

■ 超鈾元素　　　※原子序104～110也是d區過渡元素

各種週期表

前面已看過長週期表的形成及意義，現在我們來認識其他比較具有代表性的週期表吧！

❶ 長週期表

這是為了呈現電子組態而製成的週期表。將電子填入d軌域的過渡元素放在3族到11族，可以看清楚有哪些過渡元素，但電子填入 f 軌域的 f 區過渡元素則排到表外，若將 f 區過渡元素插入週期表本表，會有32個元素橫列，考慮書籍印刷的問題，並不實用。

❷ 短週期表

大約20年前，一般都使用短週期表，學校教的也是短週期表。短週期表分為0族～VIII族，可進一步分為A、B兩組，比較複雜，有些地方會混淆，但是可以連續排列典型元素。

只考慮典型元素有個好處：以IV族元素為中心，左側的元素容易形成陽離子，而右側的元素容易形成陰離子，清楚易懂。通常可將13（III）族的硼，當成不純物，混入14（IV）族的矽Si半導體，名為III、IV族半導體，而不是13、14族半導體。

❸ 螺旋形週期表

這種週期表不像一般週期表，依照原子序排列元素，而以螺旋狀捲起來（請參考P.9）。

你動手畫畫看，你會發現螺旋形週期表不太好畫，因此不普遍。

除了這些，還有依照長週期表概念製作的變形週期表，例如將 f 區過渡元素印成膠帶，貼在鑭系元素及錒系元素的位置，形成立體週期表，市面上有售類似這樣可以組合的商品。你也可以

花點心思自己製作與眾不同的週期表。

短週期表

	I		II		III		IV		V		VI		VII		0	VIII		
	A	B	A	B	A	B	A	B	A	B	A	B	A	B				
1	1 H														2 He			
2	3 Li		4 Be			5 B		6 C		7 N		8 O		9 F	10 Ne			
3	11 Na		12 Mg			13 Al		14 Si		15 P		16 S		17 Cl	18 Ar			
4	19 K		20 Ca		21 Sc		22 Ti		23 V		24 Cr		25 Mn			26 Fe	27 Co	28 Ni
		29 Cu		30 Zn		31 Ga		32 Ge		33 As		34 Se		35 Br	36 Kr			
5	37 Rb		38 Sr		39 Y		40 Zr		41 Nb		42 Mo		43 Tc			44 Ru	45 Rh	46 Pd
		47 Ag		48 Cd		49 In		50 Sn		51 Sb		52 Te		53 I	54 Xe			
6	55 Cs		56 Ba		57~71La		72 Hf		73 Ta		74 W		75 Re			76 Os	77 Ir	78 Pt
		79 Au		80 Hg		81 Tl		82 Pb		83 Bi		84 Po		85 At	86 Rn			
7	87 Fr		88 Ra		89~103Ac													

鑭系元素	57 La	58 Ce	59 Pr	60 Nd	61 Pm	62 Sm	63 Eu	64 Gd	65 Tb	66 Dy	67 Ho	68 Er	69 Tm	70 Yb	71 Lu
錒系元素	89 Ac	90 Th	91 Pa	92 U	93 Np	94 Pu	95 Am	96 Cm	97 Bk	98 Cf	99 Es	100 Fm	101 Md	102 No	103 Lr

週期表的原子和分子

	1	2	3	4	5	6	7	8	9
1	₁H								
2	₃Li	₄Be							
3	₁₁Na	₁₂Mg							
4	₁₉K	₂₀Ca	₂₁Sc	₂₂Ti	₂₃V	₂₄Cr	₂₅Mn	₂₆Fe	₂₇Co
5	₃₇Rb	₃₈Sr	₃₉Y	₄₀Zr	₄₁Nb	₄₂Mo	₄₃Tc	₄₄Ru	₄₅Rh
6	₅₅Cs	₅₆Ba	鑭系元素	₇₂Hf	₇₃Ta	₇₄W	₇₅Re	₇₆Os	₇₇Ir
7	₈₇Fr	₈₈Ra	錒系元素	₁₀₄Rf	₁₀₅Db	₁₀₆Sg	₁₀₇Bh	₁₀₈Hs	₁₀₉Mt

鑭系元素	₅₇La	₅₈Ce	₅₉Pr	₆₀Nd	₆₁Pm	₆₂Sm	₆₃Eu
錒系元素	₈₉Ac	₉₀Th	₉₁Pa	₉₂U	₉₃Np	₉₄Pu	₉₅Am

第 4 章要來認識各種原子和分子的變化，了解化學反應規則與週期表的關係。離子化能量、電負度、金屬鍵結、共價鍵等，都與週期表有關。

10	11	12	13	14	15	16	17	18
								2He
			5B	6C	7N	8O	9F	10Ne
			13Al	14Si	15P	16S	17Cl	18Ar
28Ni	29Cu	30Zn	31Ga	32Ge	33As	34Se	35Br	36Kr
46Pd	47Ag	48Cd	49In	50Sn	51Sb	52Te	53I	54Xe
78Pt	79Au	80Hg	81Tl	82Pb	83Bi	84Po	85At	86Rn
110Ds	111Rg	112Cn	113Uut	114Fl	115Uup	116Lv	117Uus	118Uuo
64Gd	65Tb	66Dy	67Ho	68Er	69Tm	70Yb	71Lu	
96Cm	97Bk	98Cf	99Es	100Fm	101Md	102No	103Lr	

4-1 原子半徑的週期性

原子有各種物理性質和化學反應，在這些物理性質與化學反應中，有些會隨週期表的順序出現同樣的變化，稱為週期性變化。

❶ 原子半徑

原子半徑表示原子的大小，可以簡單表現原子的尺寸。右圖表示依照週期表排列的原子半徑。

原子的大小等於電子雲的大小，電子雲的電子數量會隨原子序增加而增加，所以原子大小應該也是如此，但此圖並非如此。同週期的原子，原子序越大，原子反而越小，而同族的原子週期越大，原子越大，呈週期性變化。

週期越大代表原子最外層的量子數越大，原子填有電子的電子殼層越多，所以原子當然會變大。另外，同一週期中，原子序增加，原子反而變小，是因為原子核的正電荷增大，對電子雲的吸引力變大，使原子縮小。

❷ 測量原子半徑

那麼，原子半徑究竟如何測量呢？

這是個很難回答的問題。簡單的方法是，鍵結兩個同元素的原子，測量兩個原子核的距離，除以二。但有些原子無法2個鍵結在一起，因此近來所用的方法是，以量子化學計算最外層軌域半徑。

除了原子半徑，還有離子半徑。中性原子去掉電子是陽離子，加上電子則是陰離子，因此即使是同一原子，離子半徑仍有差異：陽離子＜中性原子＜陰離子。

原子半徑的示意圖

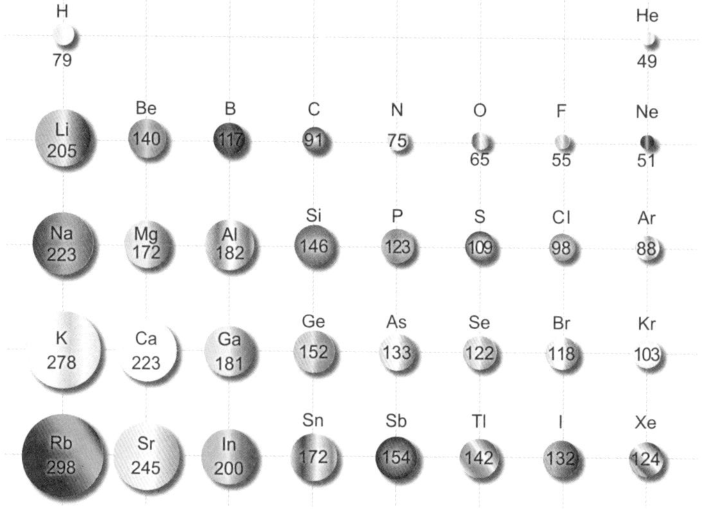
H 79
He 49
Li 205
Be 140
B 117
C 91
N 75
O 65
F 55
Ne 51
Na 223
Mg 172
Al 182
Si 146
P 123
S 109
Cl 98
Ar 88
K 278
Ca 223
Ga 181
Ge 152
As 133
Se 122
Br 118
Kr 103
Rb 298
Sr 245
In 200
Sn 172
Sb 154
Tl 142
I 132
Xe 124

（大小：$pm=10^{-12}m$）

原子半徑

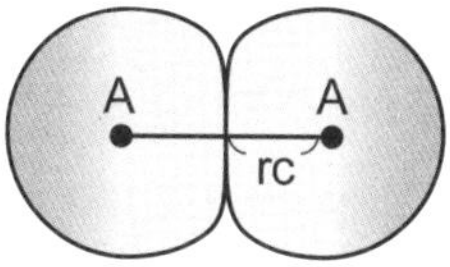
A
A
rc

兩個原子核間的距離÷2=原子半徑(*r*c)

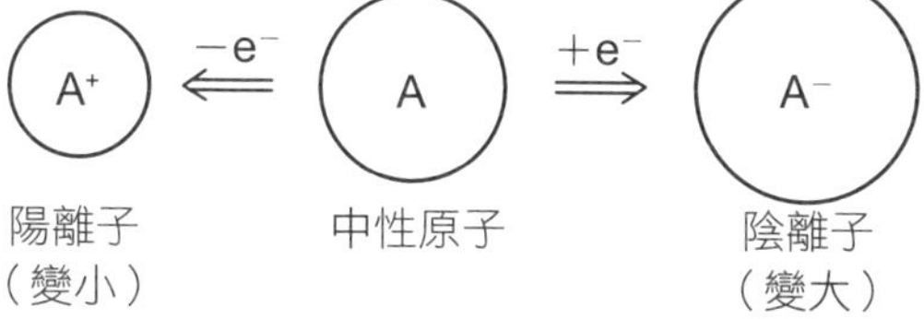
A^+
$-e^-$
A
$+e^-$
A^-
陽離子
（變小）
中性原子
陰離子
（變大）

　　原子的電子數量變化，會形成離子，而電子的價數依原子屬於哪一族而定，具有明顯的週期性。

❶ 離子價

　　離子可分為陽離子與陰離子。陽離子由原子放出電子形成；陰離子由中性原子獲得電子形成。

　　離子可分為A^+、A^{2+}、A^{3+}等電荷量不同的離子，A^+是1價的陽離子，A^{2+}是2價的陽離子，1、2等數字代表離子的價數，陰離子的情況與此相同。典型元素的原子會成為幾價離子，幾乎由所屬的族決定，每族的性質固定，顯示於週期表。也就是說，離子價的週期性變化，看週期表可以知道。

❷ 離子化與封閉殼層

　　原子如何形成離子呢？這與電子組態關係密切。原子的電子殼層電子額滿，即形成封閉殼層，離子狀態安定，如：電子填滿K層的氦He與電子填滿L層的氖Ne。

　　鋰Li的L層具有1個電子，若放出這個電子，電子組態會變為K層有2個電子，和氦一樣形成封閉殼層，因此鋰會放出1個電子，形成1價的陽離子L^+；鈹Be的L層具有2個電子，所以可知鈹會形成2價陽離子Be^{2+}。

　　氟F的L層具有7個電子，只要再多一個電子，即形成封閉殼層，變得和氖一樣，所以氟會奪取1個電子，形成1價陰離子F^-。同樣地，氧O則會形成2價的陰離子O^{2-}。

　　由此可見，離子的價數呈週期性變化。

離子價數

族	1族	2族	13族	14族	15族	16族	17族	18族
價數	+1	+2	+3	不會形成離子*	−3	−2	−1	不會形成離子

離子化與電子組態的關係

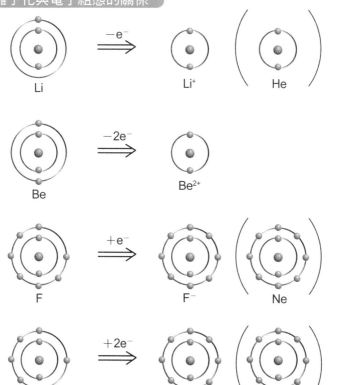

*審訂註：這只是個概述，其實第14族的錫、鉛都可以形成離子。

4-3
游離能的週期性

　　原子放出電子形成陽離子，需要外部供給能量，稱為游離能I_p。

❶ 週期性

　　右圖表示游離能與原子序的關係，雖然呈鋸齒狀的變化，但可以看出週期性與週期表一致。1族的Li和Na會變小，18族的He、Ne則會變大，Li和Na之間的原子隨原子序增加。

　　這反映形成離子的能量，1族容易形成陽離子，所需能量較小；具有封閉殼層而穩定的18族，不容易形成不安定的離子，它與容易形成陰離子、不容易形成陽離子的17族一樣，需要較大的能量。

❷ 離子的能量

　　以2-5的下圖來思考游離能會很容易了解，電子殼層具有固定的能量，而此圖的最上部是自由電子的能量。自由電子指脫離原子核束縛的電子，是從原子放出的電子。

　　原子變成陽離子是因為最外層電子變成自由電子，必須給予電子兩者的能量差ΔE——游離能I_p，此能量等於最外層軌域的能量。游離能小的原子容易變成陽離子，游離能大的原子不容易變成陽離子。

　　自由電子進入原子軌域會怎樣呢？會放出兩者的能量差ΔE，稱為電子親和力。電子親和力大的原子易變成陰離子，親和力小的原子不易變成陰離子。

游離能與原子序的關係

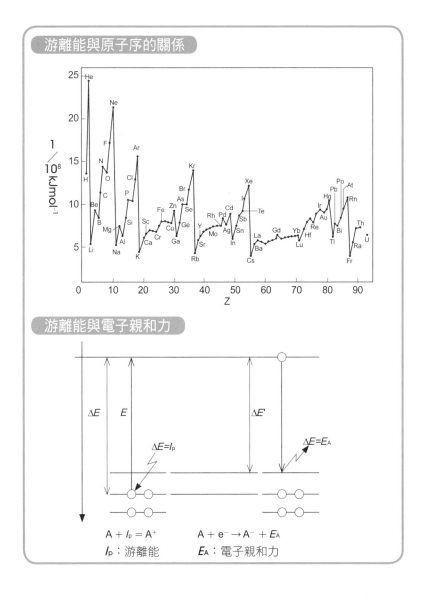

游離能與電子親和力

$$A + I_p = A^+ \qquad A + e^- \rightarrow A^- + E_A$$

I_p：游離能　　　E_A：電子親和力

4-4
電負度的週期性

元素有吸引電子的能力，表示力量大小的標準稱為**電負度**。電負度與週期表關係密切。

❶ 電負度

游離能表示容易形成陽離子的標準，電子親和力表示容易形成陰離子的標準，可以想成電子親和力越大的元素越容易形成陰離子，吸引電子的能力越強。

因此，游離能和電子親和力的絕對值平均，可以表示原子吸引電子的能力，稱為**電負度**。

右上圖結合週期表與電負度，與原子半徑是相反的順序，但和週期表完全一致。除了18族，週期增加則電負度變小；同一週期的元素，原子序增加則電負度變大。從原子核與最外層電子的引力來看，便能理解這個順序，總之與原子半徑的趨向相反。

❷ 電負度與氫鍵結

電負度是簡單的概念，但影響非常大。以水分子H–O–H為例，氧的電負度為3.5，氫為2.1，O–H鍵結的電子雲會被氧吸引。氧的電子變多，帶有部分負電荷（δ–）；反之，氫的電子被拉走，帶有部分正電荷（δ+）。

兩個相鄰水分子的氫H與氧O間，靠靜電力結合，稱為**氫鍵結**。氫鍵結在自然界扮演重要角色，DNA形成雙螺旋、遺傳基因的分裂與複製、生命可傳續給下一代，都是拜氫鍵結所賜。

電負度

$$電負度 \approx \frac{|游離能| + |電子親和力|}{2}$$

H							He
2.1							
Li	Be	B	C	N	O	F	Ne
1.0	1.5	2.0	2.5	3.0	3.5	4.0	
Na	Mg	Al	Si	P	S	Cl	Ar
0.9	1.2	1.5	1.8	2.1	2.5	3.0	
K	Ca	Ga	Ge	As	Se	Br	Xe
0.8	1.0	1.3	1.8	2.0	2.4	2.8	

氫鍵的電負度

冰是水用氫鍵形成的結晶

參考:笹世田義夫,大橋裕二‧齊藤喜彥(編)《結晶の分子科學入門》講談社,1989年。

4-5
酸性氧化物與鹼性氧化物

　　原子和氧結合為氧化物，氧化物溶於水有的會變成酸性氧化物，有的會變成鹼性氧化物，而具有酸鹼雙向性質的氧化物，稱為兩性氧化物。某元素的氧化物會變酸性還是鹼性，可以由週期表判斷。

❶ 氧化物的水溶液

　　1族元素的鈉Na與氧結合會變成氧化鈉Na_2O，氧化鈉溶於水會形成氫氧化鈉NaOH，氫氧化鈉是代表性的鹼性物；硫S氧化會變成二氧化硫SO_2，溶於水會形成酸性的亞硫酸H_2SO_3；碳C氧化會變成二氧化碳CO_2，溶於水會形成碳酸H_2CO_3。

　　氧化物有兩種，溶於水的生成物不同，分為：會形成酸的酸性氧化物，以及會形成鹼的鹼性氧化物。

❷ 氧化物和週期表

　　右圖標示週期表上，可以形成酸性氧化物的元素及可以形成鹼性氧化物的元素。由圖可知，鹼性氧化物的位置偏於週期表的左側，酸性氧化物則集中於週期表的右上方。將此圖與電負度合併來看，可知電負度小的元素會形成鹼性氧化物，而電負度大的元素會形成酸性氧化物。

酸性氧化物與鹼性氧化物

$$2Na \cdot \frac{1}{2} O_2 \longrightarrow Na_2O \xrightarrow{H_2O} 2NaOH$$

鹼性氧化物　　　強鹼

$$S + O_2 \longrightarrow SO_2 \xrightarrow{H_2O} H_2SO_3$$

酸性氧化物　　　強酸

週期表的氧化物分類

	1	2	3	4	5	6	7	8	9	10	11	12	13	14	15	16	17	18
1	H 氫																	He 氦
2	Li 鋰	Be 鈹											B 硼	C 碳	N 氮	O 氧	F 氟	Ne 氖
3	Na 鈉	Mg 鎂											Al 鋁	Si 矽	P 磷	S 硫	Cl 氯	Ar 氬
4	K 鉀	Ca 鈣	Sc 鈧	Ti 鈦	V 釩	Cr 鉻	Mn 錳	Fe 鐵	Co 鈷	Ni 鎳	Cu 銅	Zn 鋅	Ga 鎵	Ge 鍺	As 砷	Se 硒	Br 溴	Kr 氪
5	Rb 銣	Sr 鍶	Y 釔	Zr 鋯	Nb 鈮	Mo 鉬	Tc 鎝	Ru 釕	Rh 銠	Pd 鈀	Ag 銀	Cd 鎘	In 銦	Sn 錫	Sb 銻	Te 碲	I 碘	Xe 氙
6	Cs 銫	Ba 鋇	La 鑭	Hf 鉿	Ta 鉭	W 鎢	Re 錸	Os 鋨	Ir 銥	Pt 鉑	Au 金	Hg 汞	Tl 鉈	Pb 鉛	Bi 鉍	Po 釙	At 砹	Rn 氡
7	Fr 鍅	Ra 鐳	Ac 錒															

■ 鹼性氧化物　　□ 酸性氧化物　　▨ 兩性氧化物

4-6
分子的性質

　　水在室溫呈液態,在低溫為固態的冰,在高溫為氣態的水蒸氣。單一元素形成的單質也會因為溫度及壓力變化固態、液態及氣態等狀態,稱為物質狀態。

❶ 分子

　　到目前為止,我們主要談論元素和原子的性質。為了解週期表,光有元素的概念是不足的,必須思考元素的實際物質狀態──分子。

　　分子是兩個或兩個以上原子集合成的結構,維繫原子,使原子集合所需的力量稱為(化學)鍵結,可分為許多種類,留待下一節討論。

❷ 單質、化合物與同素異形體

　　分子有很多種類,只由同一種元素所形成的分子稱為單質,而不同元素的集合體稱為化合物。因此,氫氣分子H_2和氧氣分子O_2是分子,也是單質;水分子H_2O及氨分子NH_3是分子,也是化合物。

　　另外,屬於同一元素,但結構不同的單質彼此互稱同素異形體。氧氣分子O_2與臭氧分子O_3都是單質,互為同素異形體。目前已知碳具有許多同素異形體,例如:石墨、鑽石、芙、奈米碳管等。

　　同一分子會因壓力及溫度的變化,產生狀態變化,例如:常溫常壓下,水為液態;低溫高壓下,為結晶的冰;高溫低壓下,為氣態的水蒸氣,但三者的分子結構都未改變,因此可以說屬於相同物質,只是物質狀態不同。

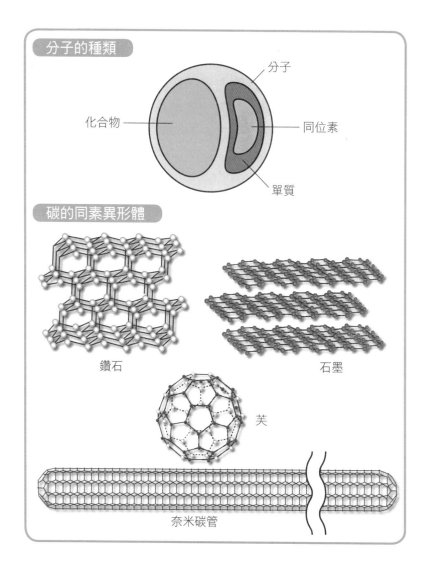

分子的種類

分子

化合物

同位素

單質

碳的同素異形體

鑽石

石墨

芙

奈米碳管

4-7 化學鍵結

　　使原子結合的力量——化學鍵結，到底是什麼呢？化學鍵結和週期表有什麼樣的關係？我們來認識化學鍵結吧！

❶ 結合與引力

　　化學鍵結是讓原子結合的力量，像萬有引力及靜電力，都是作用在兩個物質間的吸引力。但化學鍵結的特性和其他引力有很大的不同，作用在極短距離則力量大，長距離則力量小。

❷ 化學鍵結的種類

　　化學鍵結有很多種類，如右表所示。

　　化學鍵結是使原子結合為分子的力量，實際上也作用在分子間，稱為分子間力。一般來說，分子間力較弱，但剛剛所舉的例子，結合碗的力量即是分子間力，因此不可輕視。

　　化學鍵結是結合原子的力量，分為離子鍵、金屬鍵、共價鍵等，共價鍵還可分為很多種。

原子的結合

分散的原子

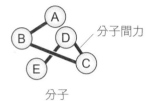

分子間力

分子

化學鍵結的種類

			鍵結名稱		例子
原子之間			離子鍵		Na^+-Cl^-
			金屬鍵		$Au-Au$
	共價鍵	σ鍵結	單鍵結（只有σ）		$H-H$　H_3C-CH_3
		π鍵結	雙重鍵結（σ+π）		$O=O$　$H_2C=CH_2$
			三重鍵結（σ+π+π）		$N\equiv N$　$HC\equiv CH$
分子間力			氫鍵		$H_2O\cdots H_2O$
			凡得瓦力		$He\cdots He$

離子鍵與金屬鍵

離子鍵和金屬鍵都來自正電荷和負電荷間的靜電力。

❶ 離子鍵

離子鍵基本上是陽離子與陰離子間的靜電力，最典型的是氯化鈉NaCl。右圖是氯化鈉的結晶，Na^+與Cl^-以固定的方向，整齊交疊在一起。

這個結晶並不是由Na、Cl兩個原子單獨形成的分子。在氯化鈉結晶中，所有陽離子與陰離子依距離不同，強度產生變化，共同形成1個巨大的分子。每個Na^+前後左右上下各有1個Cl^-，每個Cl^-前後左右上下各有1個Na^+。

❷ 金屬鍵

金屬鍵是金屬元素間的力量。以金屬鍵結合的原子，會放出價電子，成為金屬離子。放出的電子並不屬於任何金屬離子，而是在所有離子間遊蕩，稱為自由電子。帶正電荷的金屬離子是靠帶負電荷的自由電子，像漿糊一樣結合起來。

右圖是離子鍵結晶與金屬鍵結晶的移動情形。離子鍵結晶的陽離子會彼此衝突，產生很大的靜電排斥力，因此離子結晶的形狀不會變形；相對地，金屬鍵以自由電子為緩衝，來安定結晶，所以結晶可能變形。

金屬傳導度大，而電流是電子的移動，傳導度大代表電子容易移動，金屬的自由電子會在金屬離子間移動。加熱金屬離子產生振動，會使電子不易通過，降低傳導度，所以金屬的傳導度會隨溫度降低而增大，有的金屬接近絕對零度，傳導度為無限大（電阻為0），稱為超導狀態。

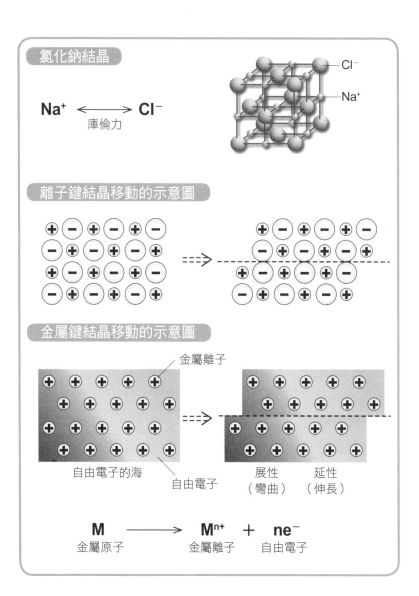

氯化鈉結晶

Cl⁻

Na⁺

Na⁺ ⟵⟶ Cl⁻
　　庫倫力

離子鍵結晶移動的示意圖

金屬鍵結晶移動的示意圖

金屬離子

自由電子的海　　自由電子

展性　　　延性
（彎曲）　（伸長）

M ⟶ Mⁿ⁺ + ne⁻
金屬原子　　金屬離子　自由電子

4-9 共價鍵與分子間力

最典型的化學鍵結是共價鍵，是形成分子的鍵結，也是形成有機化合物、生命體的必要化學作用力。

❶ 共價鍵

氫分子是以共價鍵形成的典型分子，我們來看兩個氫原子結合成氫分子的過程。當氫原子互相靠近，兩者的1s軌域會重疊、消失，形成圍繞著兩個氫原子核的新軌域，稱為分子軌域，像兩個泡泡融合在一起，形成1個大泡泡。

此時，2個氫原子各自帶有的2個電子會進入由這2個原子之1s軌域形成的分子軌域，相當於位在2個原子核中間，成為鍵結電子。帶正電荷的原子核，會被帶負電的鍵結電子結合起來。這種結合的2個氫原子，各拿出1個電子並共享的鍵結，稱為共價鍵。

❷ 分子間力

來看水的O–H鍵結吧！這種鍵結也屬於共價鍵，但由於氧O和氫H的電負度不同，電負度大的氧會吸引鍵結電子雲，使氧帶一部分負電、氫帶一部分正電，產生電性分極，形成「極性鍵結」。分極的程度以δ表示。

某水分子的氧與相鄰水分子的氫之間，產生靜電力，這種引力稱為氫鍵，而作用於獨立分子間的引力，稱為分子間力。水分子是許多分子以氫鍵聚集成的團體，氫鍵是在正電荷與負電荷間作用的靜電力，而凡得瓦力和疏水作用則在電中性分子間作用。

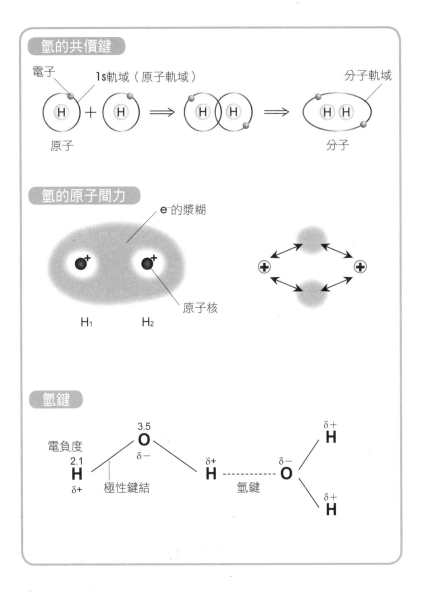

氫的共價鍵

電子　1s軌域（原子軌域）　　　　分子軌域

原子　　　　　　　　　　　　　　　分子

氫的原子間力

e⁻的漿糊

原子核

H₁　　H₂

氫鍵

電負度
2.1
極性鍵結

3.5
O
δ−

δ+
H
δ−
O
δ+
H

δ+
H

氫鍵

4-10 用週期表看化學鍵結

化學鍵結的種類和週期表有什麼關係呢？

❶ 離子鍵

離子鍵是正電荷與負電荷間的靜電力，原子不容易形成離子，就不容易形成離子鍵，而原子是否容易形成離子，決定於電負度，電負度越大，越容易形成陰離子，越小越容易形成陽離子。

在週期表左右兩端的原子，彼此之間較容易形成離子鍵。

❷ 金屬鍵

金屬鍵大多產生於相同原子之間，為了釋出價電子成為自由電子，電負度一定要夠小，因此形成金屬鍵的原子一部分集中於週期表左端的元素。

另外，產生金屬鍵的原子半徑較大，因為電子距離原子核較遠，比較容易逃脫原子核的束縛，成為自由電子。因此，形成金屬鍵的原子一部分集中於週期表的左下方。

❸ 共價鍵

基本上，共價鍵容易形成於：

①相同原子之間。

②電負度差異小的原子之間。

③大小相差不多的原子之間。

原子無法形成金屬鍵，則可能形成共價鍵。共價鍵容易形成於週期表右上方的元素間。這一點會在5-6節金屬元素、非金屬元素的分類方式再說明一次。

形成離子鍵的元素

離子鍵

陽離子

陰離子

	1	2	3	4	5	6	7	8	9	10	11	12	13	14	15	16	17	18
1	H 氫																	He 氦
2	Li 鋰	Be 鈹											B 硼	C 碳	N 氮	O 氧	F 氟	Ne 氖
3	Na 鈉	Mg 鎂											Al 鋁	Si 矽	P 磷	S 硫	Cl 氯	Ar 氬
4	K 鉀	Ca 鈣	Sc 鈧	Ti 鈦	V 釩	Cr 鉻	Mn 錳	Fe 鐵	Co 鈷	Ni 鎳	Cu 銅	Zn 鋅	Ga 鎵	Ge 鍺	As 砷	Se 硒	Br 溴	Kr 氪
5	Rb 銣	Sr 鍶	Y 釔	Zr 鋯	Nb 鈮	Mo 鉬	Tc 鎝	Ru 釕	Rh 銠	Pd 鈀	Ag 銀	Cd 鎘	In 銦	Sn 錫	Sb 銻	Te 碲	I 碘	Xe 氙
6	Cs 銫	Ba 鋇	La 鑭	Hf 鉿	Ta 鉭	W 鎢	Re 錸	Os 鋨	Ir 銥	Pt 鉑	Au 金	Hg 汞	Tl 鉈	Pb 鉛	Bi 鉍	Po 釙	At 砈	Rn 氡
7	Fr 鍅	Ra 鐳	Ac 錒															

形成金屬鍵、共價鍵的元素

	1	2	3	4	5	6	7	8	9	10	11	12	13	14	15	16	17	18
1	H 氫																	He 氦
2	Li 鋰	Be 鈹	金屬鍵									共價鍵	B 硼	C 碳	N 氮	O 氧	F 氟	Ne 氖
3	Na 鈉	Mg 鎂											Al 鋁	Si 矽	P 磷	S 硫	Cl 氯	Ar 氬
4	K 鉀	Ca 鈣	Sc 鈧	Ti 鈦	V 釩	Cr 鉻	Mn 錳	Fe 鐵	Co 鈷	Ni 鎳	Cu 銅	Zn 鋅	Ga 鎵	Ge 鍺	As 砷	Se 硒	Br 溴	Kr 氪
5	Rb 銣	Sr 鍶	Y 釔	Zr 鋯	Nb 鈮	Mo 鉬	Tc 鎝	Ru 釕	Rh 銠	Pd 鈀	Ag 銀	Cd 鎘	In 銦	Sn 錫	Sb 銻	Te 碲	I 碘	Xe 氙
6	Cs 銫	Ba 鋇	La 鑭	Hf 鉿	Ta 鉭	W 鎢	Re 錸	Os 鋨	Ir 銥	Pt 鉑	Au 金	Hg 汞	Tl 鉈	Pb 鉛	Bi 鉍	Po 釙	At 砈	Rn 氡
7	Fr 鍅	Ra 鐳	Ac 錒															

週期表與物理性質

	1	2	3	4	5	6	7	8	9
1	₁H								
2	₃Li	₄Be							
3	₁₁Na	₁₂Mg							
4	₁₉K	₂₀Ca	₂₁Sc	₂₂Ti	₂₃V	₂₄Cr	₂₅Mn	₂₆Fe	₂₇Co
5	₃₇Rb	₃₈Sr	₃₉Y	₄₀Zr	₄₁Nb	₄₂Mo	₄₃Tc	₄₄Ru	₄₅Rh
6	₅₅Cs	₅₆Ba	鑭系元素	₇₂Hf	₇₃Ta	₇₄W	₇₅Re	₇₆Os	₇₇Ir
7	₈₇Fr	₈₈Ra	錒系元素	₁₀₄Rf	₁₀₅Db	₁₀₆Sg	₁₀₇Bh	₁₀₈Hs	₁₀₉Mt

			鑭系	₅₇La	₅₈Ce	₅₉Pr	₆₀Nd	₆₁Pm	₆₂Sm	₆₃Eu
			錒系元素	₈₉Ac	₉₀Th	₉₁Pa	₉₂U	₉₃Np	₉₄Pu	₉₅Am

第 5 章來討論熔點（固體變化為液體的溫度）與週期表的關係，我們要用各種觀點來分類元素，討論在週期表的位置。另外還要說明稀有金屬在週期表的位置，所代表的意義。

　　元素平時呈現什麼狀態呢？常溫常壓（1大氣壓、25℃）下，18族元素以原子形態存在，氫氣和氧氣則以分子狀態存在。讓我們來探討每種元素的狀態吧！

❶ 元素的狀態

　　自然界中，只有第18族能夠以原子狀態存在，其中有原子，也有分子，都呈氣態。除了第18族，以氣態存在的只有氫氣H_2、氮氣N_2、氧氣O_2、氟F_2及氯氣Cl_2，都屬於第1週期到第3週期的元素。

　　以液態存在的元素只有2種——水銀Hg和溴Br_2。當溫度上升，可形成液體的有銫Cs（熔點28.4℃）及鎵Ga（熔點29.8℃），其他元素單質平時都呈固態。

❷ 狀態變化

　　常溫常壓下，氫為氣體，但溫度下降到–253℃會形成液體，下降到–259℃會形成固體。最常用來做冷媒的氦氣He，在–272.2℃會形成固體。所有物質都會隨溫度和壓力變化，改變狀態。

　　右下圖稱為水的三相圖（或稱三態圖），由3條曲線ab、ac、ad組成的3大區塊，分為I、II、III。當氣壓P與溫度T的組合（PT）位於區塊I，水呈固態（冰），II則呈液態。

　　當PT位於曲線上，曲線兩邊的狀態共存，若位於曲線ab上，液態與氣態同時並存，呈沸騰狀態。由圖可知1大氣壓下，水的沸點是100℃。

　　曲線ad則表示從冰到氣體的直接變化（昇華），冷凍乾燥技術即利用這個特性。

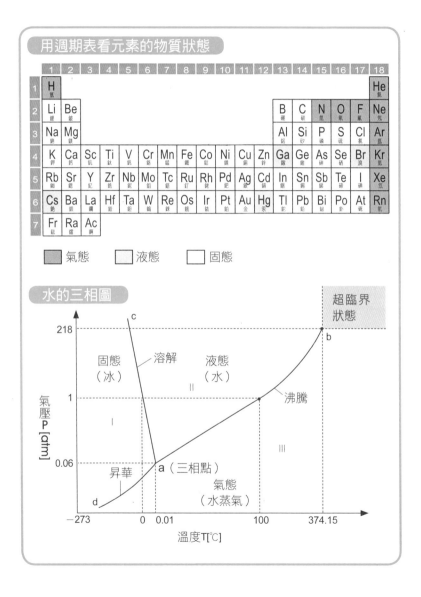

用週期表看元素的物質狀態

氣態　　液態　　固態

水的三相圖

5-2 用週期表看熔點

物質隨著溫度、壓力的不同，形成各種狀態。

❶ 熔點與週期表

物質狀態的改變稱為三相變化（或稱三態變化）。如冰在0℃溶解，並無處於冰與水中間的狀態，三相變化在固定的溫度下是不連續的。

三相變化與溫度名稱的關係如右上圖所示，右下圖則表示單質的熔點與週期表的關係。1、2族元素越往週期表下方熔點越低，是因為原子核對電子的束縛變鬆，增加金屬性。13、14族越往週期表上方，熔點越高，原因是共價鍵的增加。

❷ 超臨界狀態

三相圖右上方的超臨界狀態，代表什麼意義呢？

曲線ab並不是一直延伸的線，而會在b點結束，表示超過b點即沒有沸點、沒有沸騰狀態。b點稱為臨界點，超過b的狀態稱為超臨界狀態。

超臨界狀態是難以區分液態與氣態的狀態，具有液態的比重及黏性，且行氣態的分子運動，具有不同於一般液體（水）及氣體（水蒸氣）的性質，溶解度高，連有機物都可以溶解，因此水可以當有機化學反應的溶媒，減少有機廢棄物，對環境有幫助，是環境化學中備受矚目的主題。

日本米糠油中毒事件的有毒物質PCB（多氯聯苯，Polychlorinated biphenyls），可以透過超臨界水與過氧化氫來有效分解。

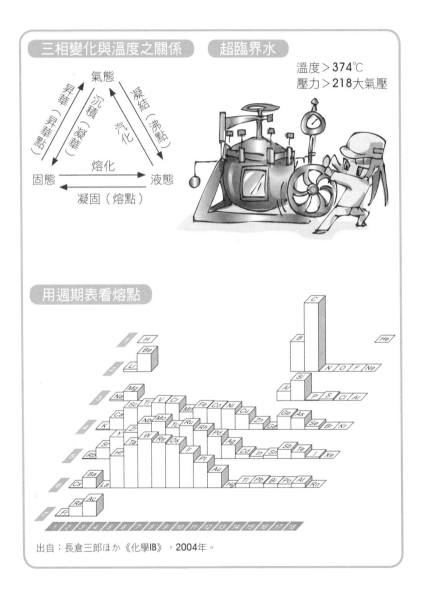

三相變化與溫度之關係　超臨界水

溫度＞**374**℃
壓力＞**218**大氣壓

氣態
昇華（昇華）
沉積（凝華）
凝結（沸點）
汽化
熔化
固態　　　液態
凝固（熔點）

用週期表看熔點

出自：長倉三郎ほか《化學IB》，2004年。

固態與結晶

物質有固態、液態、氣態，固態還可以分成另外兩種狀態。

❶ 兩種固體狀態

水晶（石英）和玻璃都是以二氧化矽SiO_2為主要成分的固體，但除了價格，還有不同之處：水晶是相當純的結晶，而玻璃不是結晶。玻璃是不純的非晶體*，或稱玻璃質。

結晶指組成晶體結構的粒子（原子、分子），具下列兩條件：

①呈三次元的規律排列（位置的規則性）。

②朝固定的方向排列（方向的規則性）。

非晶體則沒有任何規則性，粒子以任意方向排列，靜止不動。

❷ 液態與非晶體

冰是水的結晶，將冰加熱到熔點（0℃）以上，冰會熔解成液態水，但將液態水冷卻到熔點以下，會再度結晶。

相比之下，玻璃中的二氧化矽本來的排列方式就不整齊，一旦升溫即使後來溫度下降，也不會成為整齊的排列。這種液體的團塊、冰凍的過冷液體，就是非晶體。

單質的固態通常會形成結晶，但碳和矽則會形成非晶體。煤炭（碳煙）是沒有結晶性的固體，太陽能電池所使用的則是非晶質矽。金屬的一般狀態為結晶，但金屬的非晶體與結晶的性質不同，有望成為新的材料。

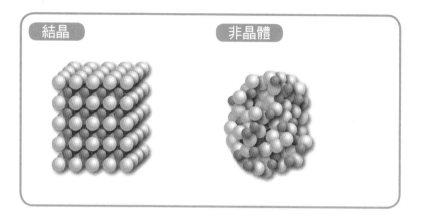

結晶　　　　非晶體

*審訂註：玻璃中一般只含約75%二氧化矽。

5-4 用週期表看結晶形態

　　所有單質低溫都會形成結晶，但結晶有很多種類。現在來看結晶的種類吧！

❶ 結晶的種類

　　冰是水分子H_2O所形成的結晶，氯化鈉則是Na^+和Cl^-離子形成的結晶。

　　像冰這樣，由分子形成的結晶稱為分子結晶，在分子結晶中連接各分子的力量，稱為分子間力，是一種較弱的鍵結。

　　像氯化鈉這樣，由離子形成的結晶，稱為離子結晶，結晶的組成粒子（離子）以離子鍵結合；鑽石則是碳的結晶，所有碳原子以共價鍵合，稱為共價鍵結晶。金屬也是結晶，稱為金屬結晶。

❷ 金屬結晶的種類

　　金屬以金屬鍵結合，自由電子在金屬離子周圍移動。

　　金屬結晶是金屬離子跨越三次元，依序重疊排列的結晶，我們可以把金屬離子想像為球體，金屬離子重疊堆積不需考慮粒子的方向，在固定的空間內盡量擠入許多球體。

　　這樣的堆疊方式，最有效的方法是面心立方結構與六角形密集結構，兩者都可以讓球佔滿空間的74%，其次為體心立方結構，佔68%。

　　約有80%的金屬屬於這些晶體結構，且不同金屬種類，隨溫度及壓力會形成不同結晶形態。右下圖顯示週期表與結晶形態的關係。

立方晶體結構的例子

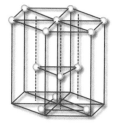  

面心立方結構＝74%　　六角形密集結構＝74%　　體心立方結構＝68%

用週期表看結晶形態

Li Be

Na Mg

Al

K Ca Sc Ti V Cr Mn Fe Co Ni Cu Zn Ga Ge

Rb Sr Y Zr Nb Mo Tc Ru Rh Pd Ag Cd In Sn

Cs Ba Lu Hf Ta W Re Os Ir Pt Au Hg Tl Pb

La Ce Pr Nd Pm Sm Eu Gd Tb Dy Ho Er Tm Yb

面心立方　　六角形密集　　體心立方
結構　　　　結構　　　　結構

5-5　金屬元素的性質

元素可分為金屬元素及非金屬元素。

❶ 金屬元素的性質

金屬指的是具備下列3項性質的元素。

①具金屬光澤。

②延展性高。

③傳導性大。

這些性質並沒有明確的數字定義，所以金屬的定義比較模糊。

❷ 金屬與金屬鍵

若把上面①～③的性質當成金屬鍵結的效果，可以定義金屬為「原子以金屬鍵結者」。

①性質來自金屬的自由電子反抗靜電力，溢出金屬結晶表面，使光無法進入結晶表面；②性質則如4-8節所述。

③性質的傳導性與金屬鍵是怎樣的關係呢？電流是電子的移動，帶有負電荷的電子由右向左移動，定義為電流由左向右流，故金屬結晶內的自由電子移動快速，則傳導性高；自由電子不易移動，則傳導性低。

金屬離子的熱振動會妨礙自由電子的移動，熱振動激烈，電子難以從旁經過，傳導性因而卜降。因此要抑制金屬離子的熱振動，降低溫度即可。

由此可知，溫度下降，金屬傳導性增大，而極低溫下，某些金屬的傳導性會變成無限大，成為超導狀態，這個溫度稱為臨界溫度。

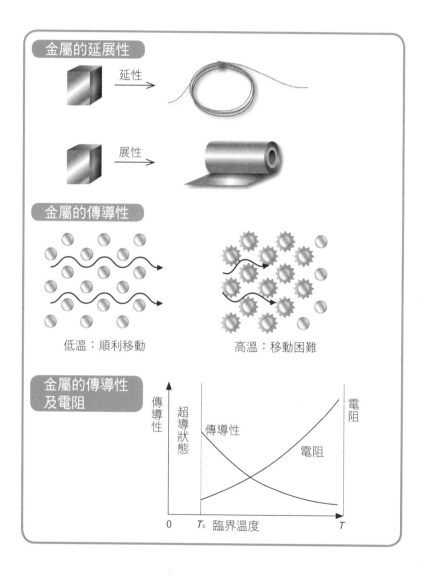

金屬的延展性

延性

展性

金屬的傳導性

低溫：順利移動　　　　　　高溫：移動困難

金屬的傳導性及電阻

傳導性

超導狀態

傳導性

電阻

電阻

0　　T_c　臨界溫度　　　　　　T

5-6 用週期表看金屬元素

元素分為金屬元素和非金屬元素,其中金屬元素佔大部分。

❶ 金屬元素

右圖結合週期表與金屬元素,可明顯看出金屬元素佔多數,非金屬元素和準金屬元素只有24個,聚集在週期表右上角。

現在所發現的元素有118個,扣除非金屬和準金屬,剩下的96個都是金屬元素。即使聚焦於存在於自然界的92種元素,其中70種是金屬元素,由此可知,金屬元素很多。

金屬元素包含1族、2族、12~16族的典型元素,以及所有過渡元素。

❷ 準金屬

金屬元素與非金屬元素並非根據數值來做明確區分。

在金屬與非金屬間還有準金屬(或稱類金屬)存在。準金屬包含硼B、矽Si、鍺Ge、砷As、銻Sb、碲Te、砈At*,其中矽Si和鍺Ge是半導體,但金屬元素硒Se也是半導體,所以半導體性質不是準金屬特有的性質。

半導體的特性在於傳導性,雖然不是絕緣體,但傳導性也不像金屬那麼好。半導體負責產生電流的電子,是共價鍵電子,如果想使電子具有高移動性,必須給予充分的運動能量——熱能。

因此,半導體的傳導性,會隨溫度上升而提高,與金屬剛好相反。

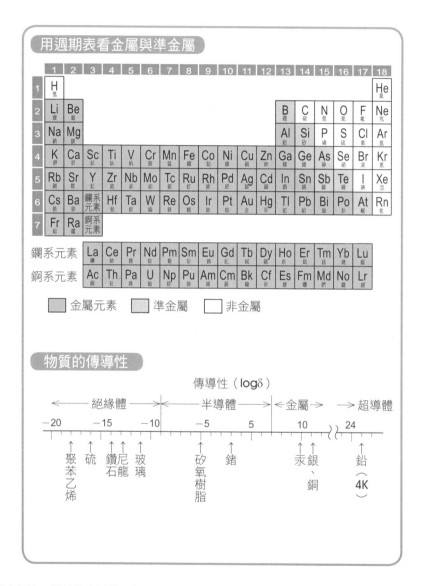

用週期表看金屬與準金屬

	1	2	3	4	5	6	7	8	9	10	11	12	13	14	15	16	17	18
1	H 氫																	He 氦
2	Li 鋰	Be 鈹											B 硼	C 碳	N 氮	O 氧	F 氟	Ne 氖
3	Na 鈉	Mg 鎂											Al 鋁	Si 矽	P 磷	S 硫	Cl 氯	Ar 氬
4	K 鉀	Ca 鈣	Sc 鈧	Ti 鈦	V 釩	Cr 鉻	Mn 錳	Fe 鐵	Co 鈷	Ni 鎳	Cu 銅	Zn 鋅	Ga 鎵	Ge 鍺	As 砷	Se 硒	Br 溴	Kr 氪
5	Rb 銣	Sr 鍶	Y 釔	Zr 鋯	Nb 鈮	Mo 鉬	Tc 鎝	Ru 釕	Rh 銠	Pd 鈀	Ag 銀	Cd 鎘	In 銦	Sn 錫	Sb 銻	Te 碲	I 碘	Xe 氙
6	Cs 銫	Ba 鋇	鑭系元素	Hf 鉿	Ta 鉭	W 鎢	Re 錸	Os 鋨	Ir 銥	Pt 鉑	Au 金	Hg 汞	Tl 鉈	Pb 鉛	Bi 鉍	Po 釙	At 砹	Rn 氡
7	Fr 鍅	Ra 鐳	錒系元素															

鑭系元素	La 鑭	Ce 鈰	Pr 鐠	Nd 釹	Pm 鉕	Sm 釤	Eu 銪	Gd 釓	Tb 鋱	Dy 鏑	Ho 鈥	Er 鉺	Tm 銩	Yb 鐿	Lu 鎦
錒系元素	Ac 錒	Th 釷	Pa 鏷	U 鈾	Np 錼	Pu 鈽	Am 鋂	Cm 鋦	Bk 鉳	Cf 鉲	Es 鑀	Fm 鐨	Md 鍆	No 鍩	Lr 鐒

▨ 金屬元素　　▨ 準金屬　　□ 非金屬

物質的傳導性

傳導性（logδ）

←—— 絕緣體 ——→ ｜←—— 半導體 ——→｜ ｜← 金屬 →｜ ——→ 超導體

-20　　　-15　　　-10　　　-5　　　5　　　10　　24

聚苯乙烯　硫　鑽石尼龍　玻璃　　矽氧樹脂　鍺　　　汞銀、銅　　鉛（4K）

---

*審訂註：對於準金屬的分類，不同作者的分類都不盡相同。依據維基百科，準金屬共7種，非金屬則有17種，兩者共24種。原作者的分類為硼、矽、鍺、砷、銻、碲、鉍、釙，此種分法很少見。

組成宇宙的元素

宇宙形成於137億年前的大霹靂,當時宇宙充滿各種物質,但近來研究發現,組成宇宙的元素比我們想像的還要複雜。

❶ 形成宇宙的物質

組成地球的東西,包括生物,都由元素組成,依此類推,宇宙應該也是由元素組成,但最新的研究顯示並非如此。

元素雖然是物質,但依愛因斯坦的相對論,物質(質量m)與能量E可以互換,光速為c,可以用$E=mc^2$這個著名公式來計算。

宇宙充滿能量,其中73%是暗能量,人們尚未明瞭。宇宙中,以物質形態呈現的只有23%,其他都是暗物質,是人們尚不了解的部分。

宇宙中,以元素形態存在的物質只有4%,可見我們對宇宙的認識還很淺薄。

❷ 組成宇宙的元素

把宇宙的未知交給天文學家,我們還是把焦點集中在4%的元素。

右下圖是宇宙的原子個數相對值,橫座標是原子序,縱座標是原子個數,刻度是相對數值,因此刻度只差1,但其實有10倍之差。可以一目了然的是氫佔大多數,95%的元素為氫,剩下5%為氦,其他元素幾乎為0。其中以○標示的偶數原子序居多,此現象稱為奧多・哈爾金斯規則(Oddo-Harkins Rule),是元素安定性造成的結果。

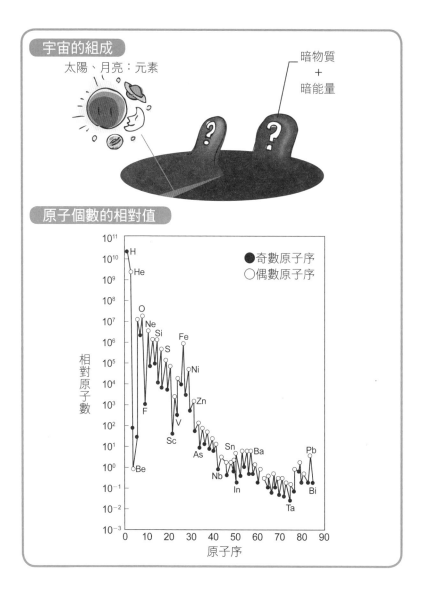

宇宙的組成

太陽、月亮：元素

暗物質
＋
暗能量

原子個數的相對值

地球和宇宙不同，地球從深層到表面都由元素組成。

❶ 地球內部的組成元素

地球是層狀結構，半徑約6500km，接近地表約30km厚度的部分稱為地殼；地表下6370km是融化岩石的灼熱世界。如果地球的大小像顆蘋果，我們所居住的地殼像蘋果皮一樣薄。

地表下700km為止的部分稱為上部地函，在這下方2900km為止的部分稱為下部地函。下部地函下方稱為地核，到5000km為止的部分，稱為外核，在這下方的地球中心稱為內核。地球會這麼灼熱是因為在地下進行著核反應，地球本身是一個巨大的原子反應爐。

地球各層的主要組成元素如右上圖所示。人們認為地球誕生之初，是灼熱的濃稠熔岩，所以重的元素會沉在中心，輕的則浮在表面。因此，地球內部的元素，以鐵及鎳等比重較大者為主。

❷ 地殼的組成元素

許多學者都在研究地殼到底由哪些元素組成。組成地球的元素存在比率（%、ppm、ppb）以研究者的名字命名為克拉克數。

依照克拉克數，最多的元素竟然是氧O，接近50%，但不是氧氣存在於地殼裡面，存在於地殼的元素以氧化物居多，因此氧元素佔大部分。

其次，矽Si元素將近26%，鋁Al佔8%，鐵Fe佔5%。 前10名合起來共占99%，剩下的1%由約80種元素組成，由此可知，其他元素有多麼少。

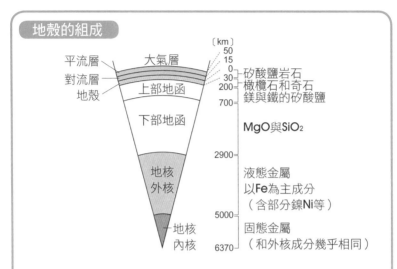

地殼的組成

〔km〕
50
15
0
30
200
700

平流層　大氣層
對流層　上部地函
地殼

下部地函

矽酸鹽岩石
橄欖石和奇石
鎂與鐵的矽酸鹽

MgO與SiO$_2$

2900

地核
外核

液態金屬
以Fe為主成分
（含部分鎳Ni等）

5000

地核
內核
6370

固態金屬
（和外核成分幾乎相同）

克拉克數（1～15名）

排名	元素名稱		克拉克數（%）
1	氧	O	49.5
2	矽	Si	25.8
3	鋁	Al	7.56
4	鐵	Fe	4.70
5	鈣	Ca	3.39
6	鈉	Na	2.63
7	鉀	K	2.40
8	鎂	Mg	1.93
9	氫	H	0.87
10	鈦	Ti	0.46
11	氯	Cl	0.19
12	錳	Mn	0.09
13	磷	P	0.08
14	碳	C	0.08
15	硫	S	0.06

5-9 組成生物體的元素

雖然很難了解生命是什麼,但擁有生命的生物體是化學物質的集合體,生物體由元素組成是不爭的事實。

❶ 組成生物體的元素

人類除了以鈣為主成分的骨骼,幾乎都由有機化合物組成。除了結構簡單的二氧化碳,含碳的化合物即為有機化合物,組成的基本元素是碳C和氫H。

右上圖將組成人體的10個主要元素標示在週期表上,都是典型元素,而且前8個以第1～第3週期元素居多。

人體有必需微量元素,量少到可以忽略,但缺少這些必需微量元素,無法過正常健康的生活。

❷ 人體與環境

右下表將組成人體的元素,和構成環境(海水、地表、大氣)的元素,以相同顏色標出。

由表可知,人體組成元素及海水組成元素差不多,所以有學說認為人類誕生於海洋。

但,不可思議的是組成人體的元素中,排第7且量最多的磷P,在環境中排不進前10名。磷是DNA、RNA的主要成分,掌管遺傳,也是能量儲存分子ATP的主要成分。另外,地殼的主要組成矽Si無法進入人體,很不可思議,科學研究對生命還有許多不明瞭之處。

用週期表看人體組成元素

	1	2	3	4	5	6	7	8	9	10	11	12	13	14	15	16	17	18
1	H 氫																	He 氦
2	Li 鋰	Be 鈹											B 硼	C 碳	N 氮	O 氧	F 氟	Ne 氖
3	Na 鈉	Mg 鎂											Al 鋁	Si 矽	P 磷	S 硫	Cl 氯	Ar 氬
4	K 鉀	Ca 鈣	Sc 鈧	Ti 鈦	V 釩	Cr 鉻	Mn 錳	Fe 鐵	Co 鈷	Ni 鎳	Cu 銅	Zn 鋅	Ga 鎵	Ge 鍺	As 砷	Se 硒	Br 溴	Kr 氪
5	Rb 銣	Sr 鍶	Y 釔	Zr 鋯	Nb 鈮	Mo 鉬	Tc 鎝	Ru 釕	Rh 銠	Pd 鈀	Ag 銀	Cd 鎘	In 銦	Sn 錫	Sb 銻	Te 碲	I 碘	Xe 氙
6	Cs 銫	Ba 鋇	La 鑭	Hf 鉿	Ta 鉭	W 鎢	Re 錸	Os 鋨	Ir 銥	Pt 鉑	Au 金	Hg 汞	Tl 鉈	Pb 鉛	Bi 鉍	Po 釙	At 砈	Rn 氡
7	Fr 鍅	Ra 鐳	Ac 錒	Rf 鑪	Db 𨧀	Sg 𨭎	Bh 𨨏	Hs 𨭆	Mt 䥑	Ds 鐽	Rg 錀	Cn 鎶	Uut	Fl 鈇	Uup	Lv 鉝	Uus	Uuo

▨ 人體的主要組成元素

人體與環境的組成元素

存在量排行	1	2	3	4	5	6	7	8	9	10
人體	H	O	C	N	Na	Ca	P	S	K	Cl
海水	H	O	Na	Cl	Mg	S	K	Ca	C	N
地表	O	Si	H	Al	Na	Ca	Fe	Mg	K	Ti
大氣	N	O	Ar	C	H	Ne	He	Kr	Xe	S

必需微量元素

Fe、Cu、Zn、Se、Cr、Mo、Co、Mn、I等

5-10 稀有金屬與稀土金屬

稀有金屬與稀土金屬是現代科學與產業不可或缺的元素，深受矚目。

① 稀有金屬

到目前為止所談的元素，分為①依照電子組態的理論性分類②依照自然界傾向的實驗性分類，相對於此，稀有金屬的分類則是③人為的分類。

稀有金屬的英文是rare metal，意指很稀少的金屬，但稀有金屬是特殊合金（如：超硬合金）、超強力磁石、超導體、發光體及特殊玻璃等，不可或缺的原料，所以有人稱稀有金屬為現代科學的維他命。

將稀有金屬標示在右上圖的週期表，扣除第7週期，目前有47種，但這種分類是日本專用，其他國家還沒有這樣的分類。

② 稀土金屬

所有稀土金屬都歸為稀有金屬。稀土金屬有17種，在47種稀有金屬裡，約佔三分之一。

稀土金屬與稀有金屬不同，屬於理論性的分類，是週期表3族元素上部的3元素群：鈧Sc、釔Y及鑭系元素，鑭系元素有15種，合計17種。

稀土金屬是超強力磁石、超導體、發光體及特殊玻璃等不可或缺的原料屬於特別貴重的稀有金屬。很可惜，資源貧脊的日本不管是稀有金屬或稀土金屬，都很缺乏，我想日本要以科學的力量來研發替代品，負起供應世界的使命。

用週期表看稀有金屬

週期 族 ➡

	1	2	3	4	5	6	7	8	9	10	11	12	13	14	15	16	17	18
1	H 氫																	He 氦
2	Li 鋰	Be 鈹											B 硼	C 碳	N 氮	O 氧	F 氟	Ne 氖
3	Na 鈉	Mg 鎂											Al 鋁	Si 矽	P 磷	S 硫	Cl 氯	Ar 氬
4	K 鉀	Ca 鈣	Sc 鈧	Ti 鈦	V 釩	Cr 鉻	Mn 錳	Fe 鐵	Co 鈷	Ni 鎳	Cu 銅	Zn 鋅	Ga 鎵	Ge 鍺	As 砷	Se 硒	Br 溴	Kr 氪
5	Rb 銣	Sr 鍶	Y 釔	Zr 鋯	Nb 鈮	Mo 鉬	Tc 鎝	Ru 釕	Rh 銠	Pd 鈀	Ag 銀	Cd 鎘	In 銦	Sn 錫	Sb 銻	Te 碲	I 碘	Xe 氙
6	Cs 銫	Ba 鋇	鑭系元素	Hf 鉿	Ta 鉭	W 鎢	Re 錸	Os 鋨	Ir 銥	Pt 鉑	Au 金	Hg 汞	Tl 鉈	Pb 鉛	Bi 鉍	Po 釙	At 砈	Rn 氡
7	Fr 鍅	Ra 鐳	錒系元素	Rf 鑪	Db 𨧀	Sg 𨭎	Bh 𨨏	Hs 𨭆	Mt 䥑	Ds 鐽	Rg 錀	Cn 鎶	Uut 鿭	Fl 鈇	Uup	Lv 鉝	Uus	Uuo

鑭系元素 | La 鑭 | Ce 鈰 | Pr 鐠 | Nd 釹 | Pm 鉕 | Sm 釤 | Eu 銪 | Gd 釓 | Tb 鋱 | Dy 鏑 | Ho 鈥 | Er 鉺 | Tm 銩 | Yb 鐿 | Lu 鑥 |

錒系元素 | Ac 錒 | Th 釷 | Pa 鏷 | U 鈾 | Np 錼 | Pu 鈽 | Am 鋂 | Cm 鋦 | Bk 鉳 | Cf 鉲 | Es 鑀 | Fm 鐨 | Md 鍆 | No 鍩 | Lr 鐒 |

▨ 典型元素的稀有金屬　　□ 過渡元素的稀有金屬
▨ 屬於稀有金屬的稀土金屬

稀土金屬佔稀有金屬的比例

稀土金屬
十七種

稀有金屬　四十七種

分布不均的稀有金屬

稀有金屬共47種，可見共70種的金屬元素中，大部分都是稀有的。但，那種稀有性不一定指蘊藏量稀少。

❶ 稀有金屬的稀有性

稀有金屬的稀有性主要來自3個要素：

①當成資源，量太少。

②蘊藏在特定國家。

③難以分離精製。

第③點主要指稀土金屬，鑭系元素像15胞胎，非常難以分離。

幾乎沒有只憑第①點被稱為稀有金屬的元素，其他元素也常有這一特點。目前金Au的地殼蘊藏量在所有元素中排名第75，非常「稀少」，但金不是稀有金屬，因為在日本也能產出少量的金Au。

❷ 資源的分布不均

相對地，鈦Ti的地殼蘊藏量排名第10，卻屬於稀有金屬，因為鈦只產於中國及澳洲，其他國家幾乎沒有。

另外，鉑Pt90%只蘊藏在南非，而鎢W85%只蘊藏在中國。

日本產稀有金屬的礦山，位於關東北部到東北一帶，稱為黑礦地帶，但蘊藏量不多。雖然日本將希望寄託於大陸棚的錳結核，但不是那麼容易達到收益，目前只要一停止進口稀有金屬，日本的科學及產業將遭到嚴重的打擊。

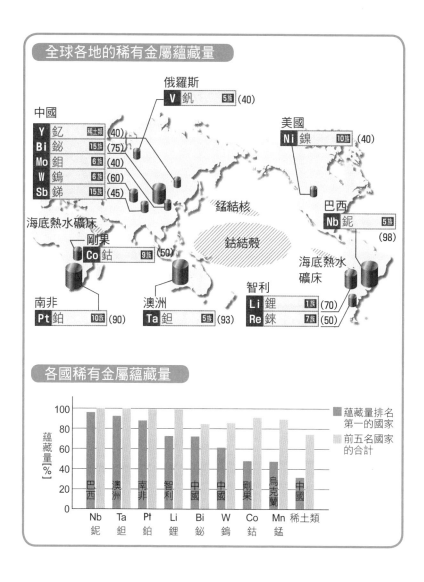

全球各地的稀有金屬蘊藏量

俄羅斯
V 釩　5族 (40)

中國
Y 釔　稀土類 (40)
Bi 鉍　15族 (75)
Mo 鉬　6族 (40)
W 鎢　6族 (60)
Sb 銻　15族 (45)

美國
Ni 鎳　10族 (40)

海底熱水礦床
剛果
Co 鈷　9族 (50)

錳結核

鈷結殼

巴西
Nb 鈮　5族
(98)

海底熱水礦床

南非
Pt 鉑　10族 (90)

澳洲
Ta 鉭　5族 (93)

智利
Li 鋰　1族 (70)
Re 錸　7族 (50)

各國稀有金屬蘊藏量

蘊藏量 [%]

■ 蘊藏量排名第一的國家
□ 前五名國家的合計

Nb 鈮（巴西）
Ta 鉭（澳洲）
Pt 鉑（南非）
Li 鋰（智利）
Bi 鉍（中國）
W 鎢（中國）
Co 鈷（剛果）
Mn 錳（烏克蘭）
稀土類（中國）

1族、2族與12族元素

	1	2	3	4	5	6	7	8	9
1	₁H								
2	₃Li	₄Be							
3	₁₁Na	₁₂Mg							
4	₁₉K	₂₀Ca	₂₁Sc	₂₂Ti	₂₃V	₂₄Cr	₂₅Mn	₂₆Fe	₂₇Co
5	₃₇Rb	₃₈Sr	₃₉Y	₄₀Zr	₄₁Nb	₄₂Mo	₄₃Tc	₄₄Ru	₄₅Rh
6	₅₅Cs	₅₆Ba	鑭系元素	₇₂Hf	₇₃Ta	₇₄W	₇₅Re	₇₆Os	₇₇Ir
7	₈₇Fr	₈₈Ra	錒系元素	₁₀₄Rf	₁₀₅Db	₁₀₆Sg	₁₀₇Bh	₁₀₈Hs	₁₀₉Mt
鑭系元素	₅₇La	₅₈Ce	₅₉Pr	₆₀Nd	₆₁Pm	₆₂Sm	₆₃Eu		
錒系元素	₈₉Ac	₉₀Th	₉₁Pa	₉₂U	₉₃Np	₉₄Pu	₉₅Am		

第 6 章要開始探討各族元素，首先看稱為典型元素的 1 族、2 族、12 族元素。1 族包含氫 H 及鹼金屬，2 族則包括鹼土金屬，12 族則包含鋅 Zn 及汞 Hg。

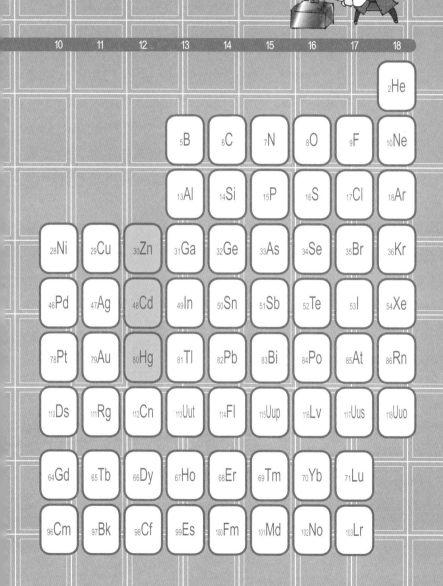

1族元素

1族元素有7個,除了氫H,全是金屬元素,稱為鹼金屬(或稱鹼金族)。

❶ 電子組態

所有1族元素最外層都有1個電子,該電子會填入s軌域,稱為s區元素。放出這個電子,會成為安定的八隅體,所以1族元素有成為1價陽離子的性質。

1族元素只有氫不是金屬而是非金屬,以共價鍵合成分子H_2。除了氫,其他1族元素都是固體金屬,稱為鹼金屬。鹼金屬會激烈反應,易與空氣中的濕氣及氧氣反應,得浸於石油中保存。

若以鉑製針頭沾一點鹼金屬,伸入火焰,火焰會帶有該金屬的顏色,稱為焰色反應,可鑑定金屬、造成煙火的特殊顏色。

❷ 鹼性

這些金屬元素稱為鹼金屬,是因為它們屬於鹼性。鹼性指溶於水會放出氫氧化離子OH^-。鈉Na放入水,會起激烈反應,產生氫氧化鈉NaOH及氫H_2,然後氫會因為反應熱能,與氧氣反應,引發爆炸。留於水中的NaOH,可以完全電解,分離成Na^+與OH^-,使水呈鹼性。

氫氧化鈉(鹼)若與鹽酸HCl(酸)反應會產生水和氯化鈉NaCl,這種酸與鹼反應的作用稱為中和作用,和水同時生成的物質稱為鹽。

1族元素的電子組態示意圖

B

最外層

$-e^-$

B⁺

八隅體

八隅體

1族元素的焰色反應

元素	Li	Na	K	Rb	Cs
焰色	紫紅	黃	紫	深紅	藍綠

焰色反應

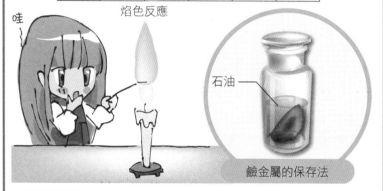

哇

石油

鹼金屬的保存法

鹼和酸

$$BOH \longrightarrow B^+ + OH^-$$
鹼

$$AH \longrightarrow A + H^+$$
酸

$$BOH + AH \longrightarrow H_2O + AB$$
鹽

6-2 氫元素

氫H是原子序1的元素，是最小且結構簡單的原子。

❶ 氫原子

氫元素當然只有1種，但氫原子至少有3種同位素。氫元素的原子核中都有1個質子P，但^{1}H沒有中子n，^{2}H有1個中子，^{3}H有2個中子，三者互稱為同位素。

氫是大霹靂最先產生的元素，恆星將氫聚集起來，氫在恆星內經核融合變成氦，而核融合的能量使恆星發光。

人類研究核融合是為了從中得到能量，雖然成功做出具破壞力的氫彈，但要做出用於和平用途的核融合原子反應爐還早得很呢！

❷ 氫分子

氫分子H_2由2個氫原子以共價鍵合成，是最輕的氣體，被用來充填氣球及熱氣球。但，氫會與氧氣起爆炸反應形成水，這個反應會發出很大的爆炸聲，所以日本人將氫氣與氧氣以2：1比例混合的氣體，特別稱為「爆鳴氣」（氫氧混合氣）。

氫是氫氣燃料電池的燃料，這種電池的廢棄物只有水，對環境很好，是大家抱持很高期待的新世代電池。但如何保管具爆炸性的氣體、如何運送都是問題。儲氫金屬能將氫氣吸進金屬晶格的縫隙，填滿裝著金屬原子的金屬結晶，像將豆子倒入裝滿蘋果的箱子，填滿縫隙。

1族元素：氫原子的性質

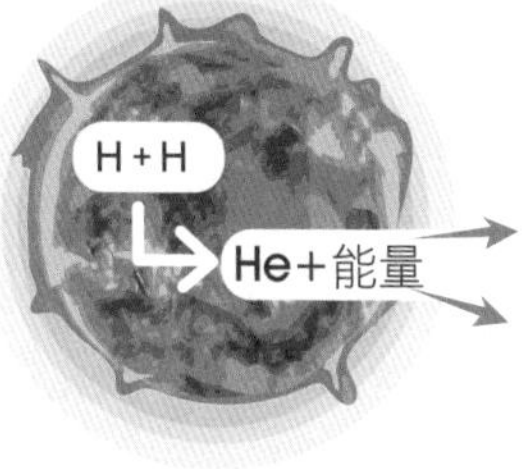

H+H

→ He+能量

氫的同位素

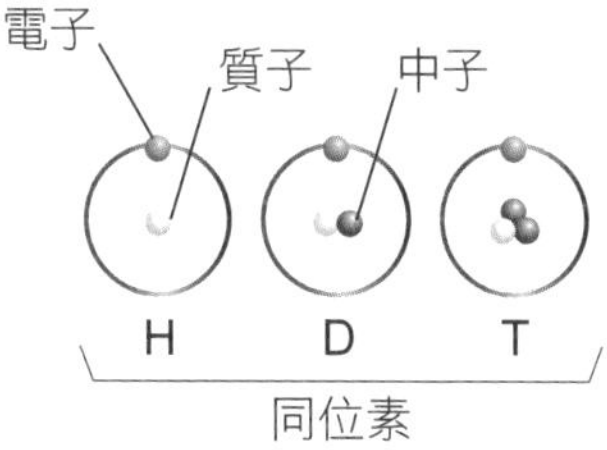

電子

質子 中子

H D T

同位素

氫分子

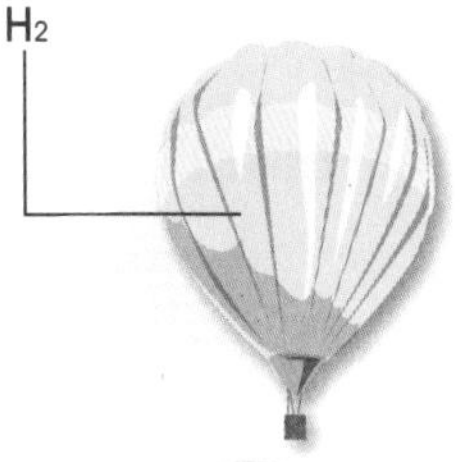

H₂

（熱氣球）

氫燃料電池

$2H_2 + O_2 \rightarrow 2H_2O + 能量$

（汽車的電池）

儲氫金屬

儲氫金屬吸
進氫氣！

填入
隙縫！

氫氣＝豆子

金屬原子＝蘋果

蘋果

氫以外的1族元素是鹼金屬，全是具有高反應性的固體金屬。

❶ 鋰Li

鋰是銀白色固體、比重0.53、熔點181℃的輕金屬。一般將比重在5以下的金屬稱為輕金屬，比5大的稱為重金屬。鋰是金屬中比重最小的，而且很軟，可以用刀子切開。鋰是鋰電池的原料，而鋰的化合物是治療憂鬱症的藥物，但治療藥物劑量與中毒劑量的差異很小，要小心服用。

❷ 鈉Na

鈉是比重0.97、熔點98℃的柔軟金屬。鈉離子和鉀離子一樣是動物神經系統中，掌控神經傳導的重要離子，鈉還是高速滋生反應爐的冷卻劑（導熱媒），可以電解氯化鈉NaCl來製造鈉。

❸ 鉀K

鉀是比重0.85、熔點64℃的柔軟金屬。反應很激烈，遇到空氣中的濕空氣會產生火花，要小心處理。

鉀是植物不可缺少的三大營養素之一，燃燒植物，有機物會以水及二氧化碳的形式揮發，但鉀等金屬（一般稱為礦物質）會變成K_2O等氧化物，殘留下來，稱為灰分。灰分溶於水形成的水溶液，含有氫氧化鉀KOH等，呈鹼性。

❹ 銣Rb

銣是比重1.53、熔點39℃的柔軟金屬。銣和銫都可做原子鐘，雖然銣做原子鐘的精確度（3千到30萬年間有1秒的誤差）不如銫，但對簡易型的原子鐘來說，已經足夠。

1族元素：鋰、鈉、鉀、銣的性質

鋰（Li）
可做電池原料、油電混合車的電池。

（鋰電池）

我的智慧型手機也用鋰電池呢！

鈉（Na）
來自氯化鈉電解，具有神經傳遞物之功能，也用於高速滋生反應爐的冷卻劑。

（高速滋生反應爐）

鈉會造成事故，就是指這個吧！

鉀（K）
植物必要的三大營養素之一，溶解植物燃燒生成的灰分，溶液會含鉀。

（植物）

消失了！

植物燃燒會殘留灰分（K₂O）啊～

銣（Rb）
可製作原子鐘，三千到三十萬年間僅有一秒誤差，精確度高。

（原子鐘）

這裡會產生電流呢！

6-4

2族元素：鹼土族金屬

　　6種2族元素除了鈹Be和鎂Mg，剩下的4種稱為鹼土族金屬，但通常將2族元素統稱為鹼土族金屬。

❶ 電子組態

　　2族元素的最外層有2個電子，填入s軌域，和1族元素一樣稱為s區元素。放出這兩個外層電子會成為封閉殼層，所以2族元素全有會成為2價陽離子的性質。越往週期表下方的元素電負度越小，形成陽離子的傾向越強。2族元素和1族一樣有焰色反應，可用於煙火，但鈹Be和鎂Mg的火焰是無色的。

❷ 性質

　　以M來表示2族元素，與氫反應會形成氫化物MH_2，金屬帶正電，氫帶負電，可當成測定是否產生氫離子H^-的試藥。

　　另外，2族元素與氧反應會形成氧化物MO，除了氧化鈹BeO，所有MO與水反應會變成氫氧化物$M(OH)_2$，呈鹼性，越往週期表下方越趨強鹼，因為越往下電負度越小，從$M(OH)_2$放出2個OH^-變成2價陽離子M^{2+}的性質越強。

　　像$M(OH)_2$一樣，能以氫氧化物OH^-形態，放出2個OH^-者，一般稱為2價鹼。

2族元素的電子組態示意圖

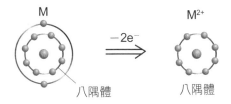

八隅體   八隅體

2族元素的焰色反應

元素	Be	Mg	Ca	Sr	Ba	Ra
焰色	無色		橘紅	深紅	黃綠	紅

2族元素的反應例

$$M + H_2 \longrightarrow MH_2$$

$$M + \frac{1}{2}O_2 \longrightarrow MO \xrightarrow{H_2O} M(OH)_2$$

$$\underset{鹼}{M(OH)_2} \longrightarrow M^{2+} + 2OH^-$$

$$M(OH)_2 + HCl \longrightarrow \underset{鹽}{M(OH)Cl} + H_2O$$

$$M(OH)Cl + HCl \longrightarrow \underset{正鹽}{MCl_2} + H_2O$$

6-5 鎂與鈣

與生活息息相關的2族元素是鎂與鈣。

❶ 鎂Mg

鎂是銀白色金屬，比重1.74，是空氣中人們可以觸碰的金屬，比重最小的。將少量鋁Al及鋅Zn混入鎂的鎂合金很輕、堅固，用於飛機製造，但會生鏽，表面必須覆蓋一層高分子（塑膠）。

鎂吸收氫氣的能力很強，可以吸收、儲藏自身重量7.6%的氫。

❷ 鈣Ca

鈣是銀白色金屬，比重1.48，常溫下會與水反應，不能直接當成建材。

大家都知道鈣是人體骨骼及牙齒的成分，據說成人體內約有1kg的鈣。鈣的克拉克數排名第5，平常存在於地殼的石灰岩（主成分：碳酸鈣$CaCO_3$）中。石灰岩會溶於二氧化碳水溶液（H_2CO_3），形成鐘乳洞，當二氧化碳變少，會再度析出碳酸鈣，形成鐘乳石及石筍。

氧化鈣CaO（生石灰）吸收水分會變成氫氧化鈣（消石灰）$Ca(OH)_2$，可用來當食品乾燥劑，但這個反應會激烈發熱，有可能引起火災或灼燙傷，必須小心。

水泥的主要成分約有65%是氧化鈣，將氧化鈣溶於水，析出氫氧化鈣，使之慢慢吸收二氧化碳，形成固化的碳酸鈣，便能製作水泥。

2族元素：鎂、鈣的性質

（飛機）

鎂合金

鎂可以吸收自重7.6%的氫！

$H_2(10L)$

鎂（Mg）
熔點極高的金屬，可用於飛機零件及手機的外層。

鎂（10g）

2族元素：鈣的特徵

Ca（約1kg）

$$CaCO_3 + H_2CO_3 \rightleftharpoons Ca^{2+} + 2HCO_3^-$$

$$CaO + H_2O \longrightarrow Ca(OH)_2 + 熱能$$
生石灰　　　　　　　消石灰

鈣（Ca）
有焰色反應，火焰呈橘紅色，可用於煙火製作。

水泥裡面有生石灰喔！

（人體）

CaO

（乾燥劑）

2族元素中有特色十足的元素。

❶ 鈹Be

鈹是比重1.84的輕金屬，熔點2970℃，非常高。鈹合金輕又堅固，被撞擊不容易產生火花，但是毒性非常強，一定要小心處理。

X光對鈹的穿透率高，可用來做X光檢測器的窗戶（鈹窗），也是原子反應爐用來讓中子減速的材料。

❷ 鍶Sr

鍶是比重2.50、熔點769℃的金屬，會顯示出深紅色的焰色反應，是煙火不可或缺的元素。

鍶是著名的放射性元素，原子彈的放射性廢棄物含有的是質量數90的鍶同位素^{90}Sr，並不存在於自然界。

❸ 鋇Ba

鋇是比重3.59、熔點725℃的金屬，會與水起激烈反應。鋇是有毒金屬，也用於拍攝胃部X光片得喝下的X光顯影劑。X光顯影劑所用的是不溶於水、對人體無害的硫酸鋇$BaSO_4$，其他鋇化合物多有劇毒。

❹ 鐳Ra

鐳是比重5、熔點700℃的金屬。1898年由居禮夫婦發現，以放射性廣為人知，幾乎是放射性元素的代名詞。鐳進行α衰變會變成具放射性的氡Rn。含鐳的溫泉其實是含有氡，據說放射線濃度高會傷害人體，但適度濃度的放射線有益健康，稱為輻射激效作用（radiation hormesis），但原因不明[*]。

2族元素：鈹、鍶、鋇、鐳的性質

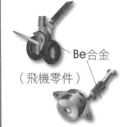

Be合金
（飛機零件）

鈹（Be）
熔點非常高的輕
金屬，可製作飛
機零件、原子反
應爐的中子減速
劑、X光檢測器
的鈹窗。

不會火花
四射喔！

哎！

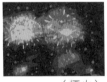

（煙火）

鍶（Sr）
會顯示深紅色的
焰色反應，可製
作煙火。

自然界沒有
^{90}Sr。

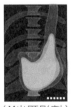

（X光顯影劑）

鋇（Ba）
有毒金屬，但對
人體無害的不溶
性硫酸鋇，可製
成X光顯影劑。

打嗝！

請不要

是！

咕嚕！

鐳（Ra）
由居禮夫婦發
現，會進行α衰
變，會變成具放
射性的氡Rn。

這是輻射激
效作用啊！

氡

*審訂註：姑且聽之，未可輕信。

6-7
12族元素：鋅族

　　12族元素只有3種典型元素，非常奇特。週期表的第一個12族元素是鋅Zn，所以有人將12族元素稱為鋅族。

❶ 電子組態

　　新加入電子填入d軌域的元素是過渡元素，依照此定義，鋅的第10個電子填入d軌域，理論上屬於過渡元素。

　　但鋅被歸類為典型元素，大概是因為鋅的封閉殼層（M層）的外層（N層）有兩個電子（最外層電子），同於典型元素的2族元素；11族元素也有一樣的情況，封閉殼層的外層有1個電子，同於1族元素。

　　而且依據過渡元素的定義：「d軌域不形成封閉殼層（d軌域有10個電子）」11族元素也應該是典型元素。

　　但現在說這些沒用，總之12族元素歸類為典型元素，或過渡元素都可以。

❷ 性質

　　12族元素的最外層有2個電子，結構與2族元素相似，會形成2價陽離子。但，2族元素的陽離子所在的最外層是p軌域，12族元素的最外層是d軌域，因為12族元素d軌域帶有的電荷比2族元素p軌域帶有的電荷強，12族元素受此靜電影響，有容易變形的性質，與2族元素不同。

12族元素的電子組態

族	Z	元素											
1族	19	K	2	2	6	2	6		1				
2族	20	Ca	2	2	6	2	6		2				
3族	21	Sc	2	2	6	2	6	1	2				
4族	22	Ti	2	2	6	2	6	2	2				
5族	23	V	2	2	6	2	6	3	2				
6族	24	Cr	2	2	6	2	6	5	1				
7族	25	Mn	2	2	6	2	6	5	2				
8族	26	Fe	2	2	6	2	6	6	2				
9族	27	Co	2	2	6	2	6	7	2				
10族	28	Ni	2	2	6	2	6	8	2				
11族	29	Cu	2	2	6	2	6	10	1				
12族	30	Zn	2	2	6	2	6	10	2				
13族	31	Ga	2	2	6	2	6	10	2	1			
14族	32	Ge	2	2	6	2	6	10	2	2			
15族	33	As	2	2	6	2	6	10	2	3			
16族	34	Se	2	2	6	2	6	10	2	4			
17族	35	Br	2	2	6	2	6	10	2	5			
18族	36	Kr	2	2	6	2	6	10	2	6			
11族	47	Ag	2	2	6	2	6	10	2	6	10	1	
12族	48	Cd	2	2	6	2	6	10	2	6	10	2	
11族	79	Au	2	8	18	2	6	10	14	2	6	10	1
12族	80	Hg	2	8	18	2	6	10	14	2	6	10	2

2族元素和12族元素電子組態的不同

2族

$-2e^-$

p軌域

2族2價陽離子

12族元素因為有電荷的影響，容易變形。

12族

$-2e^-$

d軌域

12族2價陽離子

鋅、鎘與汞的性質

12族元素的金屬元素都有特別性質。

❶ 鋅Zn

鋅是比重7.1、熔點419℃的重金屬。鋅與銅的合金是黃銅，呈黃色且閃閃發光。鐵板鍍上鋅，稱為白鐵，不會生鏽，可用於室外的簡易建築物。在化學上常用來作為電池原型（伏打電池）的負極。

鋅是人體的必需微量元素，據說有關於100種以上的酵素活性，缺乏鋅對精子製造和味覺都有不良影響。

❷ 鎘Cd

在日本富山縣神通川流域發生的痛痛病，主要肇因是鎘。鎘和同屬12族的鋅性質相近，所以會混在鋅裡產出。以前鎘並沒有確切的用處，都當成精煉的廢棄物放諸水流，滲入土壤，人類吃下吸收鎘的穀物，使鎘在體內堆積，因而引發痛痛病。

現在，鎘可作為原子反應爐的中子吸收材料，地位已然不同，大家也期待鎘能成為化合物太陽能電池的原料。

❸ 汞Hg

汞（水銀）是比重13.54、熔點−38.9℃、沸點356.7℃的液態金屬，會造成汞中毒，可以和各種金屬混合形成泥狀的合金——汞合金。將金汞合金塗在金屬上，加熱後只有汞會蒸發而留下金，此為鍍金。日本奈良的大佛採此方式鍍金，蒸發的汞蒸氣應該會造成嚴重空氣污染和落塵，可能會引發汞中毒。

12族元素：鋅、鎘、汞的特徵

（白鐵）

鐵板鍍上鋅

鋅（Zn）
替建築物鍍鋅的重金屬，對人體有重大功能。

缺乏鋅，會影響味覺。

（黃銅）

鋅銅合金

鎘（Cd）
有望當作太陽能電池的原料，是「痛痛病」的元兇。

什麼是痛痛病？

排出Cd

鋅礦山廢棄物所排出的鎘，汙染下游的穀物。

金汞合金

汞（Hg）
鍍金的原料，為液態金屬。日本奈良的大佛採用這個方法來鍍金。是汞中毒的元兇。

當年建造大佛，日本奈良或許有人汞中毒吧！

13～15 族元素

	1	2	3	4	5	6	7	8	9
1	₁H								
2	₃Li	₄Be							
3	₁₁Na	₁₂Mg							
4	₁₉K	₂₀Ca	₂₁Sc	₂₂Ti	₂₃V	₂₄Cr	₂₅Mn	₂₆Fe	₂₇Co
5	₃₇Rb	₃₈Sr	₃₉Y	₄₀Zr	₄₁Nb	₄₂Mo	₄₃Tc	₄₄Ru	₄₅Rh
6	₅₅Cs	₅₆Ba	鑭系元素	₇₂Hf	₇₃Ta	₇₄W	₇₅Re	₇₆Os	₇₇Ir
7	₈₇Fr	₈₈Ra	錒系元素	₁₀₄Rf	₁₀₅Db	₁₀₆Sg	₁₀₇Bh	₁₀₈Hs	₁₀₉Mt

鑭系元素	₅₇La	₅₈Ce	₅₉Pr	₆₀Nd	₆₁Pm	₆₂Sm	₆₃Eu
錒系元素	₈₉Ac	₉₀Th	₉₁Pa	₉₂U	₉₃Np	₉₄Pu	₉₅Am

第 7 章要探討 13 族到 15 族的「典型元素」，13 族稱為硼族、14 族稱為碳族、15 族稱為氮族，冠上第一個元素的名稱。

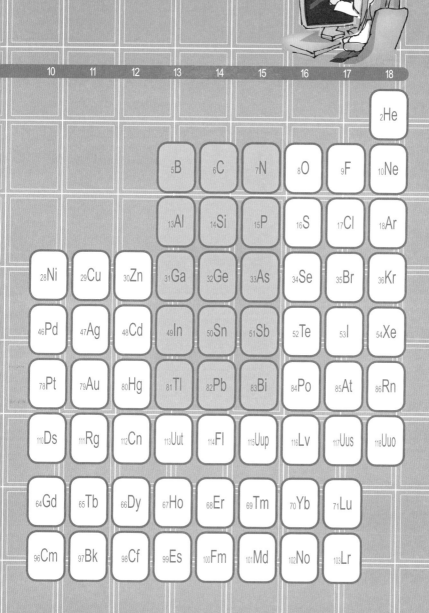

13族元素取第一個元素硼B，稱為硼族，除了硼，其他元素稱為土族金屬。

❶ 電子組態

13族的最外層有3個電子，放出這3個電子會成為八隅體，容易變成3價陽離子。

但，這族最小的原子——硼，很難放出電子成為安定的離子，全靠共價鍵合成分子。硼用3個不成對電子，結合成3鍵共價鍵，被歸為非金屬。

像這樣，同族中只有第一個（第2週期）元素有不同的性質很常見，大多因為原子半徑小。

從鋁Al到鉈Tl的4個元素都有金屬性質，地殼蘊藏量很大，被稱為土族金屬。而最後一個名稱未確定的元素，因性質不明確，不能被分類為土族金屬。

❷ 性質

13族元素會顯示焰色反應，顏色如右表所示。

13族元素以M表示，和氫反應會生成氫化物MH_3，同時與氧結合形成氧化物M_2O_3。鋁Al的氧化物是氧化鋁Al_2O_3，可形成結構緊密的膜，阻止進一步氧化，稱為鈍化膜。

13族元素和鹵素（17族元素，一般化學式為X）結合會形成MX_3，硼與鋁的鹵化物極易接收電子對，成為路易士酸（Lewis acid），可做有機化合物反應的催化劑。

13族元素的電子組態示意圖

八隅體 　　　　　　　　　　八隅體

13族元素的原子半徑

B
117

Al
182

Ga
181

In
200

小　　　　　　　　　　　　　幾乎相同

13族元素的焰色反應與反應例

元素	B	Al	Ga	In	Tl
焰色	黃綠	—	深藍	淺藍	深藍綠

$$2M + 3H_2 \longrightarrow 2MH_3$$

$$4M + 3O_2 \longrightarrow 2M_2O_3$$

$$2M + 3X_2 \longrightarrow 2MX_3$$

鹵素

7-2
硼與鋁

與日常生活息息相關的13族元素是硼和鋁。

❶ 硼 B

硼是比重2.34的輕元素，熔點高達2092℃，為帶有黑點的固體，硬度高達9.5，以單質而言，硬度僅次於鑽石。

最貼近生活的用途是以混有H_3BO_3的硼酸丸，來防治蟑螂。硼酸水溶液可以用來做消毒劑，玻璃混入氧化硼B_2O_3是市售的百麗耐熱玻璃，可以用於科學儀器或烹飪用具，因為混入氧化硼，玻璃的熱膨脹率下降，不易受熱破裂。

硼是無雜質半導體，可與矽Si混合做成p型半導體，是太陽能電池的重要原料。

❷ 鋁 Al

鋁是比重2.7、熔點660℃的輕金屬，傳導性高，僅次於銀、銅，用來做高壓電線等，還可製鋁門窗，硬鋁等輕質合金可用於製造飛機，甚至可以做鋁罐，是現代生活不可或缺的金屬。

鋁的地殼蘊藏量僅次於氧、矽，排名第3，但都以氧化鋁Al_2O_3的形式存在。要將氧化鋁還原成鋁十分困難，但在1886年，霍爾和埃魯終於發明以電解還原鋁的技術。

但，製造1個350mL的鋁罐，需要大量電力來電解還原鋁，相當於點亮20W日光燈15個小時，鋁罐可說是超級吸電體。

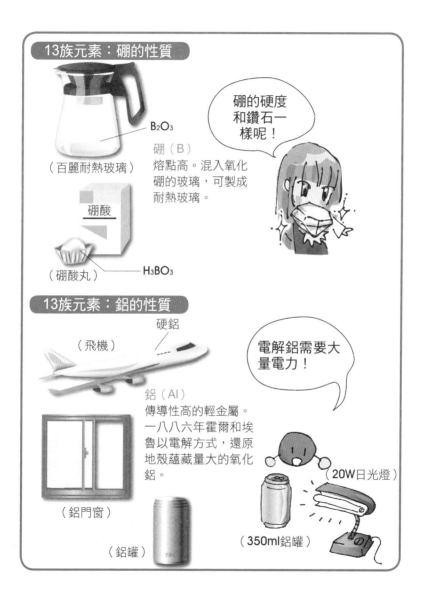

13族元素：硼的性質

B_2O_3
硼（B）
（百麗耐熱玻璃）
熔點高。混入氧化硼的玻璃，可製成耐熱玻璃。

硼酸

（硼酸丸）—— H_3BO_3

硼的硬度和鑽石一樣呢！

13族元素：鋁的性質

硬鋁
（飛機）

電解鋁需要大量電力！

鋁（Al）
傳導性高的輕金屬。一八八六年霍爾和埃魯以電解方式，還原地殼蘊藏量大的氧化鋁。

（鋁門窗）

（鋁罐）

（20W日光燈）

（350ml鋁罐）

7-3 其他13族元素

13族元素相鄰於無雜質半導體的代表——矽Si、鍺Ge等14族元素，可當雜質半導體及複合半導體的原料，與半導體關係密切。

❶ 鎵Ga

鎵是比重5.9、帶藍色的金屬，熔點29.8℃，非常低，沸點高達2200℃。

鎵可以和15族的砷一起製成複合半導體——鎵砷半導體，是各種電子裝置不可或缺的原料；與氮結合的氮化鎵GaN是著名的藍色發光二極體（藍光LED）。

❷ 銦In

銦是銀白色的柔軟金屬，最大用處是當成透明電極。

透明電極像玻璃般透明且可通過電流，用於手機螢幕、液晶電視螢幕、電漿電視螢幕、電腦螢幕等。除了透明電極，所有電極都是不透明的金屬電極，手機或薄型電視的畫面會被金屬電極遮住，什麼都看不到。

透明電極是玻璃的氧化銦In_2O_3、錫真空蒸發的產物，稱為ITO電極。

❸ 鉈Tl

鉈的熔點低，只有303℃，為柔軟金屬。鉈的希臘文意指「綠色的小樹枝」，因為焰色為綠色而得名。但鉈不像綠色小樹枝，鉈有劇毒。自古以來，許多人因誤食鉈而喪命，實際致死的數據，至今仍難以明瞭。在日本，有女高中生被媽媽強迫喝下鉈，這件事對日本人來說記憶猶新。

13族元素：鎵、銦、鉈的性質

（藍色發光二極體）

鎵Ga
熔點非常低（**29.8**℃），
沸點很高（**2200**℃）。

是RGB
（紅藍綠）啊！

已有的發光
二極體（紅和綠）
加上藍光，就可以得
到白光，正是藍色發
光二極體的價
值。

（液晶螢幕）

銦（In）
柔軟金屬，最大用
途是製作透明電
極。

電極要是不
透明，液晶螢
幕會全黑，什麼
都看不見。

發光面板   透明電極

液晶面板

（鉈的焰色反應）

鉈（Tl）
柔軟金屬，綠色的
焰色反應，毒性
強。

（下毒事件）

住手！

14族元素：碳族

14族元素取第一個元素名稱，稱為碳族元素，共6個，最大的元素是人造的。

❶ 電子組態

6個14族元素的最外層都有4個價電子，電子進入的最高能量軌域為p軌域，因此14族元素和13族一樣，稱為p區元素。

14族幾乎位於典型元素（1、2、12～18族）的中央位置，處於左側金屬元素群與右側非金屬元素群的中間，有獨特的性質。矽Si和鍺Ge等單質是無雜質半導體，和它們所處的週期表位置有關。錫也是半導體的一種。

6個原子中最小的碳與矽為非金屬，鍺、錫是準金屬，鉛之後是金屬，14族可以把所有種類集中於一族，是因為位於典型元素中央。

❷ 性質

位於週期表上方的14族元素以共價鍵結合，下方變成金屬鍵，週期表上下的結合方式會改變。碳和矽會形成共價鍵化合物；鍺和錫有以共價鍵，也有以金屬鍵結合；鉛全部以金屬鍵。14族的鍵結情形很多樣。

碳和矽有好幾個相同原子結合成長鏈的性質，稱為成鏈性（catenation）。

碳和矽幾乎不會形成離子，其他14族元素則容易形成2價陽離子，鍺會形成4價陽離子。

14族元素的電子組態

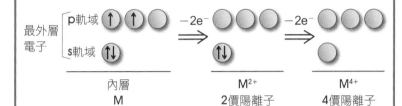

最外層電子
- p軌域
- s軌域

內層
M

M²⁺
2價陽離子

M⁴⁺
4價陽離子

14族元素的鍵結方式

半導體
- **C** } 非金屬　共價鍵結
- **Si**
- **Ge** } 準金屬　共價鍵結＋金屬鍵結
- **Sn**
- **Pb**　金屬　金屬鍵結

成鏈性

7-5 碳與矽

碳C是有機化合物的必需元素，而矽Si是半導體的主要化合物，兩者都很重要。

❶ 碳C

從鑽石到石墨，碳擁有多種同素異形體，各同素異形體性質差異大，無法單純地概括。

碳是有機化合物、生物體的主要組成元素。不只如此，碳還是塑膠等高分子化合物的主要元素，橫跨所有產業活動、社會活動到日常生活的每個角落。

不管是否造成環境問題，如果沒有碳化合物──化石燃料，現代社會無法成立。最近碳可做成有機超導體、有機磁性體、有機半導體及有機太陽能電池等，已經超越有機物的侷限，活躍於其他領域，且持續擴大領域。

❷ 矽Si

矽是地殼蘊藏量僅次於氧O，排名第2的元素，砂石及岩石的主要組成元素是矽。矽是比重2.33的輕元素，熔點高達1410℃，是帶藍色的暗灰色固體。

矽最大的特徵是具半導體性質，現代社會的電子裝置由半導體製成，不能沒有矽。但最近矽的供應量不足，價格高漲，令人困擾。實際上，半導體所用的矽不是一般的矽，而是高純度的矽，純度高達99.999999999%。為了製造這樣的矽，必須有高超技術及大量的電力，價格昂貴。因而才讓大家注目同一族的碳元素，期待有機化合物的發展。

14族元素：碳的性質

（鉛筆芯／石墨）

碳（C）
從鑽石到塑膠，廣泛應用於有機化合物。

（鑽石）

碳可以廣泛用於鑽石、塑膠等物品。

14族元素：矽的性質

（電子基板）

矽（Si）
半導體不可或缺的高純度矽，價格高漲。

泥土、砂石和岩石都含有矽。

你知道半導體一定要有矽嗎？

除了碳和矽,我們來看其他14族元素吧!

❶ 鍺Ge

鍺是比重5.32、熔點938℃的灰色固體。鍺和矽並稱無雜質半導體雙雄,但矽在溫度上的特性較佔優勢。

玻璃混入鍺,會提高折射率,讓紅外線通過,可以用於光學。

❷ 錫Sn

錫是232℃低熔點的灰色金屬,依結晶形態的不同,可以分為α型錫(灰色)、β型錫(白色)、γ型錫,α型錫比重5.75、β型錫比重7.31。室溫下,形成比重大(體積小)的β型錫,到達-30℃則會變成α型錫,此時錫製品會變破爛,容易崩壞,像得錫的疾病,稱為錫粉。

除了用在餐具,鐵板鍍錫還可製成馬口鐵,也是液晶螢幕的透明電極原料。

❸ 鉛Pb

鉛是比重11.4、熔點328℃的藍灰色重金屬,質地柔軟,可以當蓄鉛電池及焊接的材料,也能做成魚鉤,是與人類生活息息相關的金屬。

傳說羅馬皇帝尼祿小時候很聰明,長大的行為卻像瘋子,是因為用鉛鍋加熱酸酒,喝下使酒石酸變甜的酒石酸鉛,而鉛中毒。

鉛玻璃混有30%左右的氧化鉛PbO_2,折射率高,可以當成阻斷放射線的材料。

14族元素：鍺、錫、鉛的特徵

（鍺半導體檢測器）

鍺（Ge）
可以做半導體，但現在以矽為主流。

也應用於光學。

（馬口鐵）

錫（Sn）
擁有很多同位素，可以用於餐具和馬口鐵的製造。

把錫鍍在鐵的表面

錫可以用於液晶顯示螢幕。

（蓄鉛電池）

鉛（Pb）
柔軟的重金屬，可以用於蓄鉛電池及焊接，具毒性。

咕嚕咕嚕

朕或許鉛中毒了。
（尼祿皇帝）

尼祿皇帝喜歡用鉛鍋煮出來的酒。

酒石酸與鉛的反應

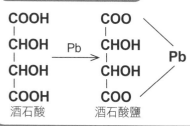

酒石酸　　　酒石酸鹽

7-7

15族元素：氮族

15族元素取第一個元素名，稱為氮族元素，其中氮N、磷P、砷As為非金屬，銻Sb、鉍Bi為類金屬，這族沒有完全的金屬。

❶ 電子組態

15族元素的最外層有5個價電子，其中3個進入p軌域，成為3個不成對電子。

因此，再接受3個電子，最外層會成為安定的八隅體，容易成為3價陰離子，但在週期表上方的氮與磷不會變成離子，全以共價鍵結合，可以用3個不成對電子形成3鍵共價鍵。

15族在14族的旁邊，多一個價電子，因此混合14族元素可以製造電子較多的n型半導體；與13族元素等莫耳混合的等莫耳混合物，可以當成複合半導體用於各種電子裝置與化合物太陽能電池。磷、砷、銻燃燒會顯示藍色焰色反應，或許是俗稱的鬼火。

❷ 性質

位於週期表上方的15族元素以共價鍵結合，但下方的元素則以金屬鍵結合。

以M代表15族元素，本族所有元素的氫化物都是與3個氫結合，形成MH_3，而與氧形成氧化物M_2O_3，形成3鍵的共價鍵而產生反應。但，氮與磷的氧化物有許多種，磷的氧化物包含P_4O_6、P_4O_8、P_4O_{10}；氮的氧化物一般以NOx表示，化學式與性質如右表所示，而3價形成的鹵化物為MX_3，有時是以5價形成MX_5。

15族元素的電子組態示意圖

最外層電子
- p軌域
- s軌域

封閉殼層

$+3e^-$

內層　　　　　　　　　　　內層

15族元素的反應例

$$2M + 3H_2 \longrightarrow 2MH_3$$

$$4M + 3O_2 \longrightarrow 2M_2O_3$$

$$2M + 3X_2 \longrightarrow 2MX_3$$

$$2M + 5X_2 \longrightarrow 2MX_5$$

氮氧化物（NOx）的性狀

氧化狀態	+5	+4	+3	+2	+1	0	−1	−2	−3
化學式	N_2O_5	NO_2	N_2O_3	NO	N_2O	N_2	NH_2OH	N_2H_4	NH_3
性質	無色固體	紅褐色氣體	無色氣體	無色氣體	無色氣體	無色氣體	無色固體	無色液體	無色氣體

鹵化物的分子式

元素	N	P	As	Sb	Bi
鹵化物	NX_3	PX_3、PX_5	AsX_3、AsX_5	SbX_3、SbX_5	BiX_3

7-8 氮與磷

　　許多有機化合物都含有氮和磷，這二者是組成生物體的重要元素。

❶ 氮N

　　氮是無色氣體，佔空氣的80%。因為氮缺乏反應性，常取代空氣充填於包裝，讓物品的保存性更好。

　　氮在1大氣壓、$-196°C$（77K）下，可冷卻成液態氮，當成簡便的冷媒；加熱到110萬大氣壓、$1700°C$並壓縮，許多氮原子即能以3鍵結合成網狀的多氮化合物（polynitrogen）。多氮化合物蘊藏非常高的能量，據說比現在最強的炸藥爆炸威力高出5倍，深受大家的期待。

　　氮是植物生長所需的三大營養素之一，是化學肥料必要的原料，需透過哈柏法（Haber-Bosch process）讓氫和氮直接反應，固定空氣中的氮，才能進行工業生產。

　　石化燃料含有氮，燃燒會產生稱為NOx的各種氧化物，大家認為這可能是酸雨及光化學煙害的原因。

❷ 磷P

　　磷有白磷、紫磷、黑磷等同素異形體，還有白磷（黃磷）與紫磷的混合物──黃磷與紅磷。白磷毒性強，但其他同位素都無毒，紅磷可以應用在火柴製造。

　　磷是生物體內掌控遺傳基因的核酸（DNA、RNA）、能量儲存物質ATP的重要組成元素，具重要地位，是植物三大營養素之一。

　　磷也用於沙林等化學武器及各種殺蟲劑，會對神經造成傷害。

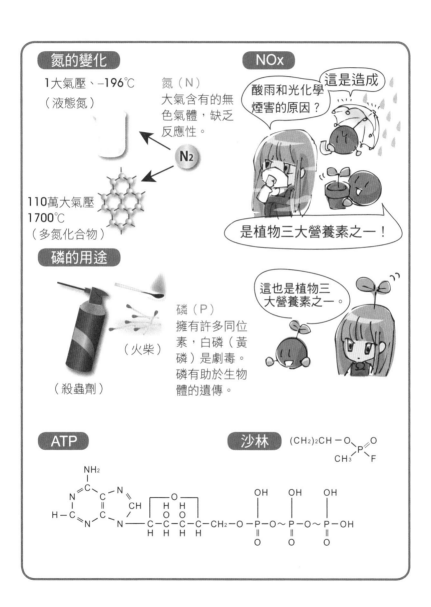

7-9
其他15族元素

15族元素對生物體有很大影響，氮是胺基酸的組成元素，磷是DNA及ATP的組成元素，其他15族元素也對生物體有影響力。

❶ 砷As

砷是比重5.78、熔點817℃的固體，有灰色砷（金屬砷）、黃色砷、黑色砷三種同位素。灰色砷有大蒜的味道，黃色砷則呈透明蠟狀。

砷的毒性自古以來為大家所知，被用在許多暗殺事件中。拿破崙是否被人用砷毒暗殺還不清楚，但文藝復興時期的亞歷山大六世及他的孩子以砷等毒物暗殺政敵，是千真萬確的事。

在日本，砷在江戶時代御家騷動事件中登場，1998年和歌山毒咖哩事件也是利用砷毒。

砷是化合物半導體的重要原料，砷化鎵GaAs可做重要的發光二極體。

❷ 銻Sb

銻是比重6.7、熔點630℃的銀白色固體，堅硬又脆弱，有毒性。

在古埃及，硫化銻Sb_2S_3當成眼影使用，這或許有美容的意義，但也可以看成眼睛周遭的驅蟲劑，主要用途或許在於毒性。銻無論在中古歐洲或日本都曾被當成藥物，但有催吐及下痢作用，所以仍是一種毒物。

以前還使用銻當成塑膠及纖維的阻燃劑，現在已經不再使用。

❸ 鉍Bi

鉍為比重9.74、熔點271℃的固體，表面的氧化膜微小且構造

複雜，會顯現出互相干涉的結構顏色，展現漂亮的色彩。鉍除了可以當作整腸藥物的原料，因它無毒，較輕，還可以當成鉛的替代品，作為焊接材料、散彈槍子彈、魚鉤及鉛字印刷的模具等，也可用來製作多種合金。

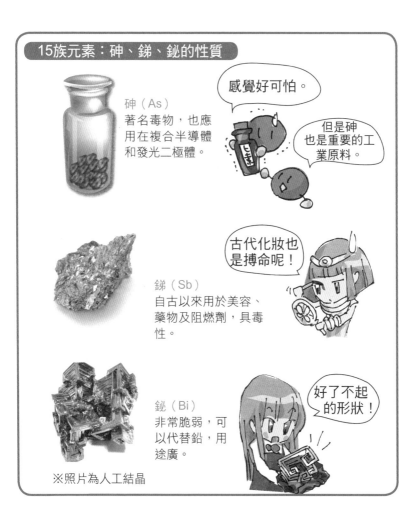

15族元素：砷、銻、鉍的性質

砷（As）
著名毒物，也應用在複合半導體和發光二極體。

感覺好可怕。

但是砷也是重要的工業原料。

古代化妝也是搏命呢！

銻（Sb）
自古以來用於美容、藥物及阻燃劑，具毒性。

鉍（Bi）
非常脆弱，可以代替鉛，用途廣。

好了不起的形狀！

※照片為人工結晶

16～18 族元素

	1	2	3	4	5	6	7	8	9
1	₁H								
2	₃Li	₄Be							
3	₁₁Na	₁₂Mg							
4	₁₉K	₂₀Ca	₂₁Sc	₂₂Ti	₂₃V	₂₄Cr	₂₅Mn	₂₆Fe	₂₇Co
5	₃₇Rb	₃₈Sr	₃₉Y	₄₀Zr	₄₁Nb	₄₂Mo	₄₃Tc	₄₄Ru	₄₅Rh
6	₅₅Cs	₅₆Ba	鑭系元素	₇₂Hf	₇₃Ta	₇₄W	₇₅Re	₇₆Os	₇₇Ir
7	₈₇Fr	₈₈Ra	錒系元素	₁₀₄Rf	₁₀₅Db	₁₀₆Sg	₁₀₇Bh	₁₀₈Hs	₁₀₉Mt
	鑭系元素	₅₇La	₅₈Ce	₅₉Pr	₆₀Nd	₆₁Pm	₆₂Sm	₆₃Eu	
	錒系元素	₈₉Ac	₉₀Th	₉₁Pa	₉₂U	₉₃Np	₉₄Pu	₉₅Am	

第 8 章來探討 16 族到 18 族的「典型元素」，取
開頭的元素名，16 族元素稱為「氧族元素」；17
族元素能製造鹽，稱為「鹵素元素」；18 族
是惰性氣體，稱為「惰性氣體元素」。

8-1
16族元素：氧族

取第一個元素名稱，16族元素稱為氧族元素。除了氧，其他16族元素也稱為硫族元素（chalcogenide），希臘文chalcogenide意指製造石頭，因為石頭含有硫S、硒Se等礦物質。

1 電子組態

16族元素的最外層有6個價電子，再加上2個電子，最外層的s軌域、p軌域即會額滿，成為八隅體安定下來，所以16族元素有成為2價陰離子的傾向。16族元素搶奪電子的力量強，與同一週期元素比較，電負度僅次於旁邊的17族（鹵素元素）。

6個價電子中2個在s軌域，4個在p軌域，再接受2個電子便滿足八隅體，所以共價鍵結合數為2鍵。

2 性質

16族元素只有氧是氣體，其他都是固體元素、都有同位素，尤其是硫，具有很多同位素。16族元素很多都反應性高，在週期表上方的氧、硫、硒以共價鍵結合，下方的碲Te、釙Po以金屬鍵。

以M代表16族元素，與氫反應生成的氫化物，一般化學式可寫成H_2M。週期表越上方氫化物越安定，順序為$H_2O > H_2S > H_2Se > H_2Te > H_2Po$。除了與1個氧結合而成的 MO，氧化物還包括與2個、3個氧結合的MO_2、MO_3。

16族元素，一般與2個鹵素原子X結合成MX_2，但也與4個、6個鹵素原子結合成MX_4及MX_6，但氧可以不限數量地和鹵素原子結合成X_2O_n、X_4O_n，並以氧為橋梁，再形成更複雜的結構。

16族元素的電子組態示意圖

最外層電子 $\begin{cases} \text{p軌域} & \uparrow\downarrow\ \uparrow\ \uparrow \\ \text{s軌域} & \uparrow\downarrow \end{cases}$ $\xrightarrow{+2e^-}$ $\uparrow\downarrow\ \uparrow\downarrow\ \uparrow\downarrow$
$\uparrow\downarrow$

八隅體　　　　　　　　　　八隅體
M　　　　　　　　　　　M^{2-}

16族元素的鍵結方式

O ⎫
　｜
S ｜ 共價鍵結
　｜
Se ⎭

Te ⎫
　｜ 金屬鍵結
Po ⎭

H₂O ⎫
　　｜
H₂S ｜
　　｜ 安定
H₂Se ｜
　　｜
H₂Te ｜
　　｜
H₂Po ⎭

16族元素的鹵化物

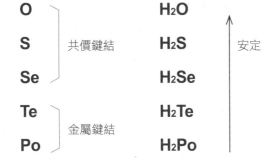

X：鹵素

8-2 氧與硫

氧O與硫S的反應性非常高，可以和大部分金屬元素產生反應，形成礦物質氧化物和硫化物。

❶ 氧O

氧有兩種同素異形體：2個原子結合成氧分子O_2，以及3個原子結合而成的臭氧分子O_3。

氧分子約佔空氣20%，臭氧由平流層的臭氧層所製造、保存。臭氧層可以吸收有害輻射線，保護地球，但因為被氯氟碳化物（CFC）分解，在南極上空形成一個臭氧層破洞，對地球造成很大的問題。

因為氧分子具有磁性，所以液態氧可以吸引強力磁石；但氧分子在空氣中的動能大，所以無法吸引強力磁石。

氧在重量上約佔地殼組成原子的50%，是因為形成氧化物。

❷ 硫S

硫具有30多種同素異形體。平常的硫由8個硫原子結合成環狀的S_8，且依結晶形態分為α硫、β硫、γ硫。將這些硫加熱到250℃以上，多數原子會變成直鏈狀結合的彈性硫（Plastic sulfur）。

硫的氫化物——硫化氫H_2S，有熟雞蛋的味道，但濃度過高會讓人的嗅覺麻痺。硫化氫有劇毒，火山地帶可能會噴出，必須注意。

硫與氧的化合物一般稱為SOx，有很多種類，右表整理其中一部分。氧化物的種類多，相對地，由氧化物形成的酸（含氧酸，Oxacid）也有很多種。

臭氧分子被分解造成臭氧層破洞

輻射線

臭氧層破洞

氧（O）佔空氣20%，同位素是臭氧。

臭氧層

液態氧有磁性

液態氧可以吸引強力磁石。

硫的同素異形體

S～S～S～S～S
S～S～S

α硫：熔點112.8℃ 淡黃色
β硫：熔點117.6℃ 淡黃色
γ硫：熔點106.8℃ 淡黃色

SOx（氧與硫的化合物）種類

化學式	SOx			
化學式	SO	SO_2	SO_3	SO_4^*
狀態	氣態	氣態	固態	固態

硫的含氧酸實例

次硫酸（sulfoxylic acid）	H_2SO_2	以鹽的形式存在
亞硫酸（sulfurous acid）	H_2SO_3	以鹽的形式存在，也存在於溶液
硫酸（sulfuric acid）	H_2SO_4	熔點：10.5℃
焦硫酸（pyrosulfuric acid）	$H_2S_2O_7$	熔點：35℃
硫代硫酸（thiosulfuric acid）	$H_2S_2O_3$	以鹽的形式存在

*審訂註：此物只在78°K（−195℃）以下才安定存在。

8-3 其他16族元素

16族元素位於週期表上方的氧、硫是共價鍵結的非金屬，下方的硒Se、碲Te是準金屬，最下方的釙Po則是金屬元素。

❶ 硒Se

硒有數種同位素和同素異形體，最為人知的是灰色金屬硒，是比重4.82、熔點217℃的固體。

硒是人體的必需元素，缺乏硒會造成心臟不全等症狀，但硒的適量範圍與過度量差距很小，一不小心即會引起中毒症狀，有可能危及性命。

硒被光線照射到會產生電流，具光傳導性，可以應用於影印機的捲軸。

❷ 碲Te

碲為比重6.24、熔點450℃、銀白色、具大蒜臭味的準金屬，單質與化合物都有毒，得小心處理。

將碲、鉍或硒組合成半導體，會產生帕耳帖效應（Peltier effect），即電流流過半導體，一邊可散熱，另一邊可吸熱。反之，將某一邊加熱或冷卻會發電，是塞貝克效應（Seebeck effect）。

冰箱應用塞貝克效應，變得很安靜，常用於飯店房間的冰箱。

❸ 釙Po

釙是比重9.2、熔點254℃的金屬，1898年由居禮夫婦發現，依祖國波蘭來命名。釙會進行α衰變。

釙進入人體的毒性強度是數一數二的，但α射線無法通過皮膚，所以釙不進入人體，毒性即不會那麼強，要多小心。

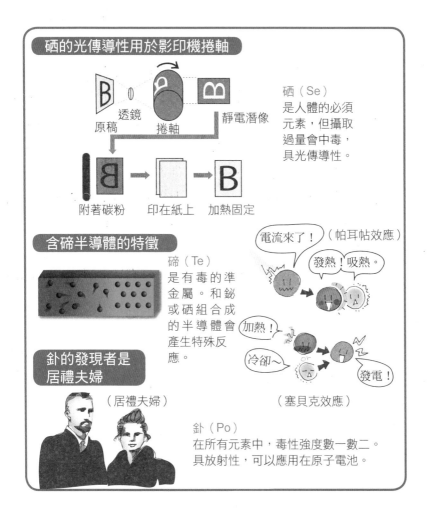

17族元素稱為鹵素元素，指酸和鹼經中和反應生成的鹽類，一般以記號X代表。

❶ 電子組態

17族元素的最外層有7個價電子，再吸收1個電子會形成八隅體，所以形成1價陰離子的傾向很強，電負度是同一週期元素中最大的。氟F易奪取電子，形成陰離子的氟化物，是最強的氧化劑。

7個價電子中有5個會進入p軌域，只缺1個電子便滿足八隅體，所以共價鍵只有1鍵。

❷ 性質

位於週期表上方的17族元素是氣體，往下分別是液體、固體。氟F是淡黃色的氣體，氯Cl是淡黃綠色的氣體，溴Br是紅褐色的液體，碘是黑紫色、具金屬光澤且會昇華的固體，砈At是有金屬光澤的固體。

鹵素元素的地殼蘊藏量比率順序是氟＞氯＞溴＞碘，越往週期表上方的元素蘊藏量越多，但海水中有大量的氯。具放射性的砈，即使是具有最長半衰期的^{210}At不過8.1小時，所以在自然界中幾乎不存在，只能以鈾^{238}U的衰變生成物形式存在且濃度極低。

鹵素元素可以形成各種氧化物，氟通常只有1鍵，但氯有1鍵到7鍵的變化。

鹵素元素可以摻入有機物，形成有機鹵化物，例如：甲狀腺素等對生物體有重要功能的物質，或PCB、戴奧辛等有害物質。

17族元素的電子組態

最外層電子 $\begin{cases} p軌域 \\ s軌域 \end{cases}$ $+e^-$

八隅體　　　　　　　　　　　八隅體

17族元素的性狀與地殼蘊藏量比率

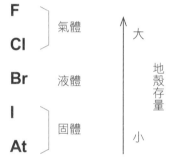

F
Cl 　　氣體

Br 　　液體

I
At 　　固體

大

地殼存量

小

17族元素的化合物例子

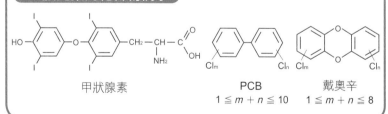

甲狀腺素　　　　　　PCB　　　　　　戴奧辛
　　　　　　　　$1 \leqq m+n \leqq 10$　　$1 \leqq m+n \leqq 8$

氟和氯與我們日常生活有很深的關係。

❶ 氟F

氟存在於自然界的螢石（主成分：氟化鈣CaF_2）等，有劇毒，卻是人體的必需微量元素。不過，人體的必需量與過量的差距很小，請小心攝取，若攝取過量，會造成骨硬化症、脂肪及醣類的代謝障礙。氟有讓牙齒強健的作用，所以有人主張加入自來水。

氟具有非常強的氧化力，幾乎可以和所有元素產生反應，和水反應會產生氟化氫HF和氧氣O_2，氟化氫是強酸，可用於玻璃的蝕刻。

氟可以當成一種高分子氟樹脂（商品名：鐵氟龍）的原料，氟樹脂的磨擦係數小，可以塗在不沾鍋，防止沾黏。

❷ 氯Cl

氯以氯化鈉的形式大量存於海水，可以經由電解得到氯。

氯具有強毒性，在第二次世界大戰中曾被當成毒氣使用。因為氯具有強力漂白及殺菌功能，氯化物可以用來當成漂白劑或自來水的殺菌劑。

氯是各種工業製品不可或缺的元素，被當成塑膠大量使用的聚氯乙烯（PVC）是氯乙烯高分子化的產物。氟氯碳化物（CFC）是碳、氟、氯的化合物，沸點很低，可當作噴霧、冷媒及發泡劑，還可做精密儀器的洗淨劑，因此曾大量生產，但會破壞臭氧層，所以後來停止生產。DDT等含氯殺蟲劑過去也大量生產，後來因環境汙染問題而不再使用。

17族元素：氟的性質

（鐵氟龍加工）
$(CF_2)_n$

氟（F）
是人體的必須元素，但是有毒，也是牙齒和不沾鍋的表面塗料。

氟可以讓牙齒更強健喔！

17族元素：氯的性質

（自來水的消毒）

氯（Cl）
由氯化鈉電解取得，具強烈毒性，是各種工業製品不可或缺的原料。

氯是日常生活常用的消毒劑，具強烈毒性喔！

氯乙烯的性質

物質	化學式	沸點（℃）	用途
氯乙烯11	CCl_3F	23.8	發泡劑、氣懸膠體、冷媒
氯乙烯12	CCl_2F_2	−30.0	冷媒、發泡劑、氣懸膠體
氯乙烯113	$CClF_2CCl_2F$	47.6	清潔劑、溶劑
氯乙烯114	$CClF_2CClF_2$	3.8	冷媒
氯乙烯115	$CClF_2CF_3$	−39.1	冷媒

鹵素元素具特殊的性狀及反應。

❶ 溴Br

溴是比重3.12、熔點–7.3℃、沸點58.8℃、呈紅黑色的液體。溫度冷卻會成為固體，稍微加溫則成為氣體。具刺激性臭味及劇毒，要小心處理。

在自然界，溴存於高級天然染料的骨螺紫，可以當成底片的感光材料——溴化銀AgBr的原料。溴化合物和氯乙烯一樣，會破壞臭氧層，已漸漸不使用。

❷ 碘I

碘是比重4.93、熔點185℃，具有紅黑色金屬光澤的固體。具有直接從固體昇華為氣體的昇華特性。在自然界，碘存在於海水，經過生物濃縮而大量存於海藻。日本千葉縣的水溶性天然氣含有碘，對日本這個資源貧乏的國家來說是很了不起的輸出資源。另外，碘是人體甲狀腺素的組成元素，是人體的必需元素。

原子核分裂會產生碘的同位素[131]I，具放射性，萬一被攝進體內會囤積在甲狀腺，引起癌症等問題。發生核災時，為了不讓[131]I進入人體，必須喝一般的碘[127]I，讓甲狀腺飽和，避免吸收放射性碘。

碘具消毒作用，溶於酒精則成碘酒，可當消毒劑。

❸ 砈At

砈具放射性，半衰期最長的砈[210]At也僅8小時左右，因此不存在於自然界，全是人工製造的。而且砈到目前為止沒有明確用途，所以沒有大量製造，物理性質不太為人了解，是個謎樣的元素。但，砈有可能當成α射線的放射線源，用於癌症的治療，今

後或許會大量製造。

17族元素：溴的性質

-7.3℃（固體）

59℃（氣體）

（液體）

溴（Br）
有刺激性氣味，為劇毒液體，可做底片的感光材料。

17族都是獨一無二的元素喔！

含溴的染料

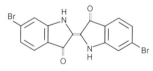

骨螺紫
（羅馬皇帝的專用染料）

因類似於骨螺紫受矚目的靛藍

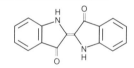

靛藍
（牛仔褲的染料）

17族元素：碘化合物的例子

碘（I）
是人體的必須元素，因防止甲狀腺癌的功能曾深受矚目，有消毒作用。

甲狀腺素

8-7 18族元素：惰性氣體

18族元素是惰性氣體元素，有人稱為稀有氣體元素，是自然界罕見的氣體元素，缺乏反應性。18族元素共有6個，都是氣體。

❶ 電子組態

18族元素的最外層s軌域、p軌域都已填滿電子，共有8個電子，完成八隅體。

不僅如此，最外層到f軌域為止都填滿電子，形成完全的封閉殼層，不會奪取或讓出電子。

因此，18族元素不會形成離子，沒有共價鍵，原子狀態已完全自我滿足，同種原子間不會互相結合，不會形成分子，這些元素以原子的單質形態存在於自然界。

❷ 性質

但上述指的是表面的情形，其實惰性氣體與其他很多元素相關。

首先，談儲藏量。氬Ar佔空氣0.9%，是二氧化碳CO_2的30倍，絕不能說少；目前已知，位於週期表越下方的元素，會形成越多種分子，反應性高。

除了氧，18族元素主要和氟反應，包含：最早合成的$XePtF_6$到XeF_4、XeO_3等氙化合物、KrF_2等氪化合物，以及2000年發現的$HArF$氬化合物，證明氟的反應性極高。

18族元素的電子組態

| 能量單位 | K | L | | M | | | N | | | | O | | | | | P | |
元素	1s	2s	2p	3s	3p	3d	4s	4p	4d	4f	5s	5p	5d	5f	5g	6s	6p
2 He	2																
10 Ne	2	2	6														
18 Ar	2	2	6	2	6												
36 Kr	2	2	6	2	6	10	2	6									
54 Xe	2	2	6	2	6	10	2	6	10		2	6					
86 Rn	2	2	6	2	6	10	2	6	10	14	2	6	10			2	6

氙化合物的例子

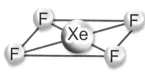

XeF_4平面四角形

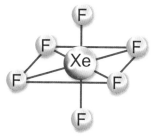

XeF_6正八面體

18族元素在空氣中的含量

空氣

1	N_2	78.8%
2	O_2	20.95%
3	Ar	0.93%
4	CO_2	0.032%*
5	Ne	18.18ppm
6	He	5.2oppm
7	CH_4	1.60ppm
8	Kr	1.14ppm
9	H_2	0.50ppm
10	N_2O*	0.3ppm

＊依人類活動變化

8-8
氦與氖

惰性氣體元素不會形成分子，但絕非與我們的生活無關。

❶ 氦He

氦很輕，在氣體中僅次於氫氣。雖然比起氦氣，氣球充填氫氣可以得到更好的浮力，但有爆炸的危險，所以讓人乘坐的熱氣球只充填氦氣。

氦氣的沸點–269℃（4K）很低，所以可做冷媒。現在使用的超導體必須冷卻到液態氦的溫度，呈現相當於液態氦的狀態。拍攝人體斷層的MRI（核磁共振攝影）、日本JR的磁浮新幹線（用超導磁石讓列車浮起來）都必須用液態氦才能動起來。

這樣珍貴的氦目前的供應源只有美國，雖然人們考慮於卡達國或阿爾及利亞等地挖掘，但未實際運作。氦是地層原子核反應（α衰變）的產物，存在於地層，故採集氦氣像採集天然氣，得挖掘油田那樣的井。

氦的需求量年年升高，價格高漲，不久便會像稀土金屬，供不應求，造成搶奪。

❷ 氖Ne

大家都知道氖是霓虹燈的光源，將氖填進玻璃管，施以電力會放出紅色燈光，因為氖隨電能呈現高能量狀態（激發態），而從激發態回到基態所放出的能量發出紅色的光。

18族元素：氦、氖的性質

（熱氣球）

氦（He）
僅次於氫的輕氣體，可當強力冷媒，需求量越來越大。

是否會像稀土金屬，引起各國的搶奪。

（MRI）

霓虹燈的原理

（霓虹燈）

α衰變

$$^A_Z X \longrightarrow {}^{A-4}_{Z-2} Y + {}^4_2 He$$

α粒子

氖（Ne）
是稀有氣體的一種，施加電壓會釋放紅光。

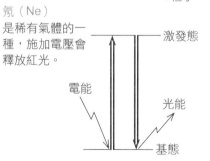

激發態

電能

光能

基態

8-9 其他18族元素

　　氦、氖之外的18族元素都是大家不熟悉的，但並非和我們生活的無關。

❶ 氬Ar

　　氬是空氣中第三多的元素，鉀K的同位素^{40}K原子核奪取電子即產生氬，目前已知地球、金星及火星等岩石性行星有很多^{40}Ar，而太陽有較多^{36}Ar。

　　將氬充填於白熾燈泡，可以防止燈絲（鎢）昇華。

❷ 氪Kr

　　用途和氬一樣，可充填於白熾燈泡，防止鎢昇華。目前已知，人吸進氪氣，聲音會變低，與吸入氦氣相反。

❸ 氙Xe

　　同於霓虹燈的原理，電流通過氙氣會發出強光，所以可以做成氙燈。氙的隔熱性高，可以充填於兩層玻璃中間；氙氣還有麻醉作用，有人嘗試運用於手術。

❹ 氡Rn

　　氡有數種同位素，都是放射性氣體，雖然有人說放射線對身體不好，但目前有許多人認為少量放射性物質反而有利身體的輻射激效作用，是否要相信得看個人判斷*。氡產生於鈾U到鐳Ra等元素的核衰變，據說地下室和石造的房子含有較多氡。氡與其他惰性氣體元素比起來，對水的溶解度較大，所以鐳溫泉溶有氡。

18族元素：氬、氪、氙、氡的性質

（白熾燈泡）

Ar+Kr+Xe

氬的生成（預測）

$$^{40}_{19}K + {}^{0}_{-1}e \longrightarrow {}^{40}_{18}Ar$$

氬（Ar）
空氣含量多的
氣體。

氙（Xe）
除了燈泡，還
用於引擎的增
進劑。

（兩層玻璃之間的隔熱材料）

氪（Kr）
用於電燈及照相
機閃光燈的惰性
氣體。

（氙燈）

（石造屋）

在充滿泥土
和石頭的密
閉空間中，
會產生氡
嗎？

氡（Rn）
放射性強烈的
惰性氣體。

*審訂註：姑且聽之，未可輕信。

過渡元素各論

	1	2	3	4	5	6	7	8	9
1	₁H								
2	₃Li	₄Be							
3	₁₁Na	₁₂Mg							
4	₁₉K	₂₀Ca	₂₁Sc	₂₂Ti	₂₃V	₂₄Cr	₂₅Mn	₂₆Fe	₂₇Co
5	₃₇Rb	₃₈Sr	₃₉Y	₄₀Zr	₄₁Nb	₄₂Mo	₄₃Tc	₄₄Ru	₄₅Rh
6	₅₅Cs	₅₆Ba	鑭系元素	₇₂Hf	₇₃Ta	₇₄W	₇₅Re	₇₆Os	₇₇Ir
7	₈₇Fr	₈₈Ra	錒系元素	₁₀₄Rf	₁₀₅Db	₁₀₆Sg	₁₀₇Bh	₁₀₈Hs	₁₀₉Mt

鑭系元素	₅₇La	₅₈Ce	₅₉Pr	₆₀Nd	₆₁Pm	₆₂Sm	₆₃Eu
錒系元素	₈₉Ac	₉₀Th	₉₁Pa	₉₂U	₉₃Np	₉₄Pu	₉₅Am

第 9 章要認識「過渡元素」。「過渡元素」包括 4
族～ 11 族，全是金屬元素，各族間沒有明確的
性質差異，我們來了解這些元素的特徵吧！

　　過渡元素全是金屬元素，各族元素間的性質差異並無明確傾向。

❶ 過渡元素電子組態

　　過渡元素與典型元素的不同在於電子組態。典型元素會隨原子序的增加而有新電子填入最外層，因此電子個數不同，外觀看來不同，差異非常明顯。

　　相對地，大部分的過渡元素，新加入電子填入內側的d軌域，因此很難看出差異，稱為d區過渡元素。而3族的鑭系元素與錒系元素，新加入的電子進入更內側的f軌域，差異極不明顯，為f區過渡元素。

　　另外，有人統合3族的鈧Sc、釔Y、鑭，稱為稀土金屬，本書將在第10章介紹。

❷ 過渡元素種類

　　過渡元素可以跨越族別，另取統稱。

Ⓐ 鐵族元素

　　8族的鐵Fe、鈷Co、鎳Ni性質相似，統稱為鐵族。

Ⓑ 鉑族元素

　　8、9、10族的第5、6週期元素，釕Ru、銠Rh、鈀Pd、鋨Os、銥Ir、鉑Pt等，統稱為鉑族。

Ⓒ 貴金屬元素

　　珠寶所指的貴重金屬，是金、銀、鉑，但化學上的貴金屬指6個鉑族元素，再加上金Au、銀Ag，共8種元素，這些全是稀少而抗腐蝕的金屬。

Ⓓ 超鈾元素

原子序92以後的元素，不存在於自然界，是人工製造的，稱為超鈾元素。

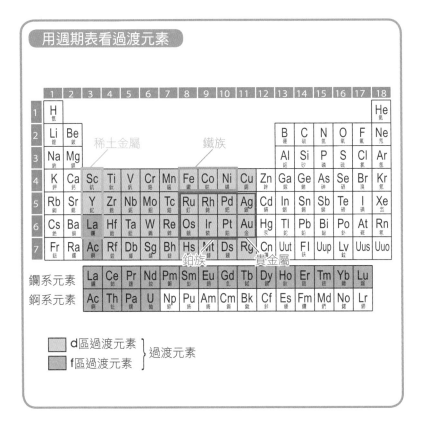

用週期表看過渡元素

4族元素：人工鑽石

4族元素的原子最外層s軌域都有2個電子，s軌域內側的d軌域也有2個電子，其中鈦Ti、鋯Zr及鉿Hf為稀土金屬。

❶ 鈦Ti

鈦的地殼蘊藏量是所有元素的第九名，量不少，但難以精煉。

鈦是比重5以下的輕金屬，強度是鋁的6倍，可以用於飛機機體、鏡框和手錶等。另外，鈦和鎳Ni的合金可以做成形狀記憶合金，即使變形只要加熱到一定溫度，即恢復原來形狀。

氧化鈦TiO_2會吸收紫外線，產生氧化力強的烴基OH，可做光觸媒。

❷ 鋯Zr

鋯難以吸收中子，可用於原子反應爐，尤其是燃料棒的包覆材料，90%的金屬鋯都用於此。

氧化鋯ZrO_2稱為二氧化鋯，熔點高達2700℃，可做耐熱陶瓷的原料。折射率高達21.8，可做人工鑽石（折射率2.42）。

寶石中的鋯石，是鋯的矽酸鹽$ZrSiO_4$，與二氧化鋯是不同物質。

❸ 鉿Hf

鉿與鋯相反，吸收中子的能力很強，可以做原子反應爐控制中子的材料。因為鉿的化學性質與鋯相似，在開採的礦石中，鉿與鋯會混在一起，要完全分離這兩者較不容易。

4族元素的電子組態

軌域 元素	K	L	M			N				O				P			
			3s	3p	3d	4s	4p	4d	4f	5s	5p	5d	5f	6s	6p	6d	6f
22 Ti	2	8	2	6	2	②											
40 Zr	2	8	2	6	10	2	6	2		②							
72 Hf	2	8	2	6	10	2	6	10	14	2	6	2		②			

○最外層電子

4族元素的性質

元素	比重	熔點〔℃〕	顏色
Ti	4.54	1,660	銀色
Zr	6.51	1,852	銀色
Hf	13.30	2,230	灰色

4族元素的性質

你知道嗎？鋯和鉿都是原子反應爐的材料。

鈦（Ti）

製作光觸媒的輕金屬，可用於飛機、手錶、形狀記憶合金等，範圍極廣。

鋯（Zr）

利用難以吸收中子的特性，做原子反應爐的材料，也可做人工鑽石。

鉿（Hf）

與鋯一樣，是製作原子反應爐的金屬，吸收中子的能力極高，可做控制棒。

（保溫杯）

Ti

（原子反應爐）

Zr

9-3
5族元素：有機起源論的證據

　　5族元素雖然是同一族，但各元素的最外層電子數不同。釩與鉭有2個最外層電子，內層的d軌域有3個電子；鈮有1個最外層電子，內層的d軌域有4個電子。

　　5族元素全稱為稀土金屬。

❶ 釩V

　　釩不是人體的必需元素，但因為可能有治療糖尿病的效果，有些營養食品會添加釩。釩的克拉克數排名第23，地殼蘊藏量多，但無法形成礦床，不容易採挖。

　　釩被生物濃縮，大量存於海水，脊索動物的海鞘體內含有大量的釩，最為著名。石油也含釩，因此可能為化石燃料有機起源論的證據。

　　金屬釩並不柔軟，但富有延展性，容易加工，機械強度、耐熱性適合做合金材料。釩與鐵的合金，可形成高硬度鋼；釩與鈦的合金，可以製造飛機機身；日本有一半的釩產量用於製造高爾夫球桿的桿頭。

❷ 鈮Nb

　　鈮是製造合金的材料，鈮與鐵的合金是高硬度的鋼，屬於耐熱超合金材料，可以製造飛機的引擎等。更重要的是，鈮可做超導體的材料。鈮與五氧化鈮Nb_2O_5混合製成的玻璃，折射率會提高，可以取代氧化鉛PbO_2。

❸ 鉭Ta

　　使用鉭做成的電容器，尺寸較小，電流漏失較少較安定，是手機及小型電腦不可或缺的材料。另外，鉭可製造人工骨骼及假牙的支架。

5族元素的電子組態

軌域 元素	K	L	M			N				O				P			
			3s	3p	3d	4s	4p	4d	4f	5s	5p	5d	5f	6s	6p	6d	6f
23 V	2	8	2	6	3	②											
41 Nb	2	8	2	6	10	2	6	4		①							
73 Ta	2	8	2	6	10	2	6	10	14	2	6	3		②			

○最外層電子

5族元素的性質

元素	比重	熔點〔℃〕	顏色
V	6.11	1,887	銀白色
Nb	8.57	2,468	灰色
Ta	16.65	2,996	藍灰色

5族元素：釩、鈮、鉭的性質

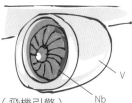

（飛機引擎）

V

Nb

釩和鈮都有貢獻呢！

釩（V）
合金的用途很廣，被生物濃縮後大量存於海中，以海鞘最有名。

（海鞘）

鈮（Nb）
可以和鐵及鈦做成合金，是超導體的材料。

鉭（Ta）
是無害的金屬，可以做人工骨骼及假牙支架。

（假牙支架）

Ta

6族元素：製造燈絲

許多6族元素和人們生活關係密切，和5族元素一樣，最外層電子的個數不一致。鉻和鉬最外層有1個電子，鎢有2個。所有6族元素都稱為稀土金屬。

❶ 鉻Cr

鉻具毒性也能當成藥。當鉻為離子，可形成3價的Cr^{3+}、4價的Cr^{4+}、6價的Cr^{6+}，Cr^{3+}是人體的必需元素，Cr^{6+}有劇毒，Cr^{4+}則可能致癌。

鉻是很有用的金屬，一旦氧化即不再繼續氧化，形成鈍化狀態，堅硬美觀，常用於鍍金。鉻和鎳一樣，是不銹鋼的重要材料。

鉻會產生各種顏色，石榴紅和祖母綠等寶石，都是因為有鉻，才有美麗的顏色。鉻黃色用於繪畫顏料。

❷ 鉬Mo

鉬是人體必需元素，據說與尿酸的形成有關。目前已知，豆科植物進行固氮作用所用的酵素含有鉬。含有鉬的鐵合金，機械強度佳，和銅製成的合金，傳導性及溫度特性良好。

❸ 鎢W

鎢是熔點最高的金屬，電阻較高，可用於白熾燈泡的燈絲。比重和金一樣大，可製造穿透力強的穿甲彈。

和鐵製成的合金，機械強度佳，可以做高硬度鋼，製造機械的切削工具。中國的產量約佔全世界84%。

6族元素的電子組態

軌域	K	L	M			N				O				P			
元素			3s	3p	3d	4s	4p	4d	4f	5s	5p	5d	5f	6s	6p	6d	6f
24 Cr	2	8	2	6	5	①											
42 Mo	2	8	2	6	10	2	6	5		①							
74 W	2	8	2	6	10	2	6	10	14	2	6	4		②			

○最外層電子

6族元素的性質

元素	比重	熔點〔℃〕	顏色
Cr	7.19	1,860	銀白色
Mo	10.22	2,617	灰色
W	19.30	3,422	銀白色

6族元素：鉻、鉬、鎢的性質

Cr

（石榴紅和祖母綠）

Mo

（燈絲）

W

（菜刀）

鉻（Cr）
3價鉻是人體必需元素，6價鉻有毒，常用於鍍鉻，製造不銹鋼。

鉬（Mo）
人體的必需元素，做成的合金特性優良。

鎢（W）
是熔點最高的金屬，可以做成合金，製造機械用的切削工具。

7族元素：深海的塊狀物

7族元素的鎝不存在於自然界，存在於自然界的只有錳及錸，兩者都是稀土金屬，最外層電子都是2個。

❶ 錳Mn

錳是人體必需元素，與骨骼成長代謝有關，但攝取過量會中毒，使平衡感出現異常，損害生殖功能。

錳可作為乾電池及鹼性電池的原料，十分重要。

錳容易氧化，可做強力還原劑。不小心進入含有錳的井可能會缺氧。氧化錳是不可或缺的強力氧化劑。

目前已知，錳混入以氫氧化物（錳與銅Cu）為主成分，大小近於蕃薯的塊狀物——錳結核，大量存於深達4000～6000的海底，據說其中的錳含量超過陸地的蘊藏量，但因成本考慮並未進行採集。

❷ 鎝Tc

所有鎝同位素都有放射性，不安定，最長的半衰期約可超過420萬年，但非自然界原本就有的。研究鎝，得用質子撞擊鉬Mo，形成合成原子核來使用。

❸ 錸Re

錸的熔點僅次於鎢W，排名第2高，比重排名第4大，應用在火箭的推進器和測量高溫的熱電偶。過去認為錸是無法形成礦床的金屬，但1990年代，日本擇捉島的火山，發現很純的二硫化錸ReS_2，是日本少有的珍貴資源。

7族元素的電子組態

軌域	K	L	M			N				O				P			
元素			3s	3p	3d	4s	4p	4d	4f	5s	5p	5d	5f	6s	6p	6d	6f
25 Mn	2	8	2	6	5	②											
43 Tc	2	8	2	6	10	2	6	5		②							
75 Re	2	8	2	6	10	2	6	10	14	2	6	5		②			

○最外層電子

7族元素的性質

元素	比重	熔點〔℃〕	顏色
Mn	7.44	1,244	銀白色
Tc	11.50	2,172	銀白色
Re	21.02	3,180	灰色

7族元素：錳、鎝、錸的性質

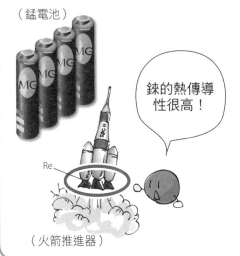

（錳電池）

錸的熱傳導性很高！

Re

（火箭推進器）

錳（Mn）
有助於骨骼成長及代謝的人體必需元素，易氧化。

鎝（Te）
不存在於自然界，是人工的放射性元素。

錸（Re）
熔點高，僅次於鎢。

8族元素：有機化學的觸媒

　　8族元素的鐵被列入鐵族，釕和鋨被歸為鉑族，成為貴金屬。鐵和鋨最外層有2個電子，釕只有1個，它們並不是稀土金屬。

❶ 鐵Fe

　　鐵是人體必需元素，含在紅血球的血紅蛋白，是血紅素的中心原子，具有運送氧氣的重要功能。

　　鐵是與人類關係密切的金屬元素，連時代區分都有鐵器時代的說法。據說，最早使用鐵的民族是西台人，約在西元前1500年開始使用鐵。鐵以氧化物的形態產出，要得到金屬鐵必須除掉氧進行還原。

　　通常用碳還原礦物，將鐵礦石、石炭、木炭等一起加熱，以碳燃燒掉鐵礦石的氧，形成二氧化碳。過程中會有2～4%的碳混入鐵，形成鑄鐵，質硬但易脆。碳的含有量在2%以下則稱為鋼，堅硬有彈性，應用於各種鐵製品。

　　鐵可做磁性材料，運用在最先進的科學，還可以做成鋼筋水泥用於建築，是支撐現代社會的重要金屬。

❷ 釕Ru

　　釕看似沒用，其實是硬碟的記憶體材料，它的化合物也是有機化學反應的催化劑，此用途的發現者——日本的野依良治博士，在2001年拿到諾貝爾化學獎。

❸ 鋨Os

　　鋨是比重最大的元素。四氧化鋨OsO_4可做有機化學反應的氧化劑，具強烈的味道，希臘文Osmium意指味道，鋨因味道得名。

8族元素的電子組態

軌域 元素	K	L	M			N				O				P			
			3s	3p	3d	4s	4p	4d	4f	5s	5p	5d	5f	6s	6p	6d	6f
26 Fe	2	8	2	6	6	②											
44 Ru	2	8	2	6	10	2	6	7		①							
76 Os	2	8	2	6	10	2	6	10	14	2	6	6		②			

〇最外層電子

8族元素的性質

元素	比重	熔點〔℃〕	顏色
Fe	7.87	1,535	銀白色
Ru	12.37	2,310	銀白色
Os	22.57	3,045	藍灰色

含碳量不同的鐵

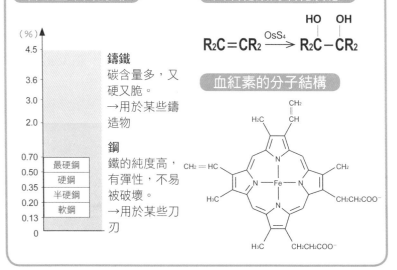

鑄鐵
碳含量多，又硬又脆。
→用於某些鑄造物

鋼
鐵的純度高，有彈性，不易被破壞。
→用於某些刀刃

最硬鋼
硬鋼
半硬鋼
軟鋼

四氧化鋨的氧化反應

$$R_2C = CR_2 \xrightarrow{OsO_4} R_2\overset{HO}{C} - \overset{OH}{C}R_2$$

血紅素的分子結構

9-7

9族元素：上釉、鍍金

9族元素的銠和銥被視為鉑族，歸類於貴金屬。鈷和銥的最外層有2個電子，銠只有1個，鈷屬於稀土金屬，9族元素都與我們生活很親近。

❶ 鈷Co

鈷與色彩有關是廣為人知的事。青花瓷在白底描上藍色圖案，所用的藍色顏料是鈷的顏色。鈷與有機物結合成的錯合物會因濕度改變顏色，濕度低呈藍色，濕度高呈紅色，利用這個性質可以判定乾燥劑是否有效。

混合鈷的合金可增加機械強度，提高耐熱性，是製造挖掘工具和渦輪發動機噴射口不可或缺的金屬材料。鈷是重要的磁性材料，可做永久磁鐵——鋁鎳鈷合金，用途很廣。釤鈷磁鐵現在是最強力的磁性材料。

❷ 銠Rh

銠是白色的堅硬金屬，常用來鍍金。為了不劃傷鉑、銀、白黃金等白色貴金屬的表面，會鍍上銠。

由銠、鈀、鉑做成的催化轉換器，可淨化柴油引擎的排放廢氣。

❸ 銥Ir

銥的耐熱性佳、耐磨損，可用在汽車的火星塞及鋼筆的筆尖。與鉑製成的合金可以做國際公尺原器和國際公斤原器。

9族元素的電子組態

軌域 元素	K	L	M			N				O				P			
			3s	3p	3d	4s	4p	4d	4f	5s	5p	5d	5f	6s	6p	6d	6f
27 Co	2	8	2	6	7	②											
45 Rh	2	8	2	6	10	2	6	8		①							
77 Ir	2	8	2	6	10	2	6	10	14	2	6	7		②			

○最外層電子

9族元素的性質

元素	比重	熔點〔℃〕	顏色
Co	8.90	1,495	灰色
Rh	12.41	1,966	銀白色
Ir	22.42	2,410	灰色

鈷、銠、銥的性質

（青花瓷）

Co

鈷（Co）
除了瓷器的顏料，還可以做成合金，是人體的必須金屬元素。

銠（Rh）
常用於鍍金，也可做引擎的觸媒。

銥（Ir）
耐熱性佳，耐磨損，多做成合金使用。

銥可以做鋼筆筆尖，以及刻度精密的原器。

Ir

（銠）

©Wikipedia

10族元素的鈀和鉑是鉑族著名的貴金屬，鉑常稱為白金。鎳屬鐵族，是非常實用的金屬。鎳有2個最外層電子，鈀0個，鉑1個，全是稀土金屬。

❶ 鎳Ni

鎳可以應用於很多合金。不銹鋼是鎳和鐵Fe、鉻Cr的合金，日圓硬幣由鎳和銅Cu的合金白銅，或鎳做成。

鐵和鎳的合金稱為不脹鋼（鎺鋼），熱膨脹小，可以製作手錶。鎳和鐵、鉬製成的合金稱為高導磁合金，可以做變壓器的鐵芯。

鎳和鈦的合金稱為形狀記憶合金，鎳鎘電池則由鎳和鎘做成。

鎳容易引起金屬過敏，被懷疑有致癌性。

❷ 鈀Pd

鈀和汞Hg的合金——鈀汞齊，是過去牙科所用的治療材料，但因為汞有毒性，最近已不使用。鈀可吸收比自身體積大上935倍的氫。

鈀不只是催化轉換器的組成元素，也可做偶合反應的催化劑，偶合反應的發現使日本根岸教授和鈴木教授得到諾貝爾獎。

❸ 鉑Pt

鉑是可以做成珠寶類的貴金屬，對於現代科學也很重要。鉑是催化轉換器的原料，氫燃料電池沒有鉑觸媒即無法運作。鉑也可以用來做順鉑（cisplatin）等抗癌藥物。

10族元素的電子組態

軌域 元素	K	L	M			N				O				P			
			3s	3p	3d	4s	4p	4d	4f	5s	5p	5d	5f	6s	6p	6d	6f
28　Ni	2	8	2	6	8	②											
46　Pd	2	8	2	6	10	2	6	10									
78　Pt	2	8	2	6	10	2	6	10	14	2	6	9		①			

○最外層電子

10族元素的性質

元素	比重	熔點〔℃〕	顏色
Ni	8.9	1,453	銀白色
Pd	12.02	1,552	銀白色
Pt	21.45	1,772	銀白色

10族元素：鎳、鈀、鉑的性質

（日圓硬幣）　Ni

鉑族，聽起來
挺高級！

Ni

Pt

（首飾）

鎳（Ni）
可以做成合金，用
在硬幣、電池及形
狀記憶合金。

鈀（Pd）
可以當成各種反應
的催化劑，如：偶
合反應。

鉑（Pt）
有珠寶類的價值，
還可做燃料電池及
抗癌劑。

9-9
11族元素：貴重金屬的代表

　　11族元素聚集金、銀等貴金屬的代表元素，但非稀土金屬，所有元素的最外層都有1個電子。

❶ 銅Cu

　　銅是具有高傳導性的柔軟金屬，與人類關係密切，連時代的劃分都用青銅時代。

　　青銅即紅銅，為銅、錫Sn、鉛Pb的合金，呈咖啡色，但生鏽會變成藍綠色（銅鏽），稱為銅鏽。銅鏽的成分是$CuCO_3 \cdot Cu(OH)_2$，過去被視為劇毒只是迷信，實際上無毒。銅與鋅Zn的合金是黃銅，銅和鎳Ni的合金是白銅。

❷ 銀Ag

　　銀是金屬中最白的，傳導性最高。銀與空氣中的硫反應會變黑，具殺菌性，常用在各種殺菌劑。熔融的銀與1大氣壓的氧接觸，會吸收比自身體積大20倍以上的氧，固化則放出氧氣，表面會留下凹洞，因此製作純銀要在無氧狀態下進行。

❸ 金Au

　　金的抗腐蝕性絕佳，可以永保美麗光澤，被視為貴金屬之冠。金的延展性很好，1g的金可以拉長成2800m的金絲。另外，大約1萬分之1毫米（mm）的金箔，透光看起來會呈藍綠色。

　　金不會被酸鹼侵襲，但會與鹵素反應、溶於王水（鹽酸和硝酸的混合物）和碘酊，也可以溶在以劇毒聞名的氰化鈉NaCN水溶液，可以用來鍍金。

　　含有金的金硫基丁二酸鈉（商品名：Myocrisin）是少數可以治療風濕性關節炎的藥物。

11族元素的電子組態

元素 軌域	K	L	M			N				O				P			
			3s	3p	3d	4s	4p	4d	4f	5s	5p	5d	5f	6s	6p	6d	6f
29 Cu	2	8	2	6	10	①											
47 Ag	2	8	2	6	10	2	6	10		①							
79 Au	2	8	2	6	10	2	6	10	14	2	6	10		①			

○最外層電子

11族元素的性質

元素	比重	熔點〔℃〕	顏色
Cu	8.96	1,084	紅色
Ag	10.50	962	銀白色
Au	19.32	1,064	黃色

11族元素：銅、銀、金的性質

銅（Cu）
具高傳導性的金屬，合金包含青銅、黃銅和白銅。

銀（Ag）
所有元素中，傳導性最高的金屬，可以用來殺菌。

金（Au）
不易腐蝕的貴金屬，是地位不可撼動的財寶，可用於鍍金及治療風濕性關節炎的藥物。

（金塊）

Au

（青銅像）

Cu

（食器）

Ag

自古以來，銅、銀、金與人類關係密切！

稀土金屬元素

	1	2	3	4	5	6	7	8	9
1	₁H								
2	₃Li	₄Be							
3	₁₁Na	₁₂Mg							
4	₁₉K	₂₀Ca	₂₁Sc	₂₂Ti	₂₃V	₂₄Cr	₂₅Mn	₂₆Fe	₂₇Co
5	₃₇Rb	₃₈Sr	₃₉Y	₄₀Zr	₄₁Nb	₄₂Mo	₄₃Tc	₄₄Ru	₄₅Rh
6	₅₅Cs	₅₆Ba	鑭系元素	₇₂Hf	₇₃Ta	₇₄W	₇₅Re	₇₆Os	₇₇Ir
7	₈₇Fr	₈₈Ra	錒系元素	₁₀₄Rf	₁₀₅Db	₁₀₆Sg	₁₀₇Bh	₁₀₆Hs	₁₀₉Mt
	鑭系元素	₅₇La	₅₈Ce	₅₉Pr	₆₀Nd	₆₁Pm	₆₂Sm	₆₃Eu	
	錒系元素	₈₉Ac	₉₀Th	₉₁Pa	₉₂U	₉₃Np	₉₄Pu	₉₅Am	

第 10 章要認識稀土金屬元素。17 種稀土金屬元素中，有 15 種是鑭系元素，在此介紹稀土金屬元素的發光性、磁性及超導性等特徵。

10-1 稀土金屬元素的分類

　　3族的鈧Sc、釔Y和鑭系元素合稱為稀土金屬元素。稀土金屬元素對現代科學而言,像維他命一樣重要,所需的量不大,但若沒有這些元素,現代科學無法成立。3族雖然有些稀土金屬元素被列入稀有金屬,但錒系元素沒有列入。我們把錒系元素放到下一章討論,現在先來看稀土金屬元素吧!

❶ 3族元素

　　週期表上,3族有4個框,上方兩個是鈧和釔,下方是兩個包含15個元素的群組:金鑭系元素和錒系元素。

　　這兩個群組的詳細內容通常以附表方式和週期表本表分開,3族所含的元素其實有2+15×2=32個。上方的鈧、釔和鑭系元素,共計17個元素,合稱為稀土金屬元素。

❷ 稀土金屬和稀有金屬

　　稀土金屬元素可以從兩個層面切入:單一元素填入格子的鈧、釔,以及整合15個元素的鑭系元素。

　　這些元素都為稀有金屬,在47種稀有金屬中,17種稀土金屬元素佔三分之二以上,是稀有金屬的一大勢力。

　　稀有金屬是現代科學不可或缺的角色,具有發光性、磁性、超導性等功能。

從週期表看稀土金屬元素

	1	2	3	4	5	6	7	8	9	10	11	12	13	14	15	16	17	18
1	H 氫																	He 氦
2	Li 鋰	Be 鈹											B 硼	C 碳	N 氮	O 氧	F 氟	Ne 氖
3	Na 鈉	Mg 鎂											Al 鋁	Si 矽	P 磷	S 硫	Cl 氯	Ar 氬
4	K 鉀	Ca 鈣	Sc 鈧	Ti 鈦	V 釩	Cr 鉻	Mn 錳	Fe 鐵	Co 鈷	Ni 鎳	Cu 銅	Zn 鋅	Ga 鎵	Ge 鍺	As 砷	Se 硒	Br 溴	Kr 氪
5	Rb 銣	Sr 鍶	Y 釔	Zr 鋯	Nb 鈮	Mo 鉬	Tc 鎝	Ru 釕	Rh 銠	Pd 鈀	Ag 銀	Cd 鎘	In 銦	Sn 錫	Sb 銻	Te 碲	I 碘	Xe 氙
6	Cs 銫	Ba 鋇	鑭系元素	Hf 鉿	Ta 鉭	W 鎢	Re 錸	Os 鋨	Ir 銥	Pt 鉑	Au 金	Hg 汞	Tl 鉈	Pb 鉛	Bi 鉍	Po 釙	At 砈	Rn 氡
7	Fr 鍅	Ra 鐳	錒系元素	Rf 鑪	Db 𨧀	Sg 𨭎	Bh 𨨏	Hs 𨭆	Mt 䥑	Ds 鐽	Rg 錀	Cn 鎶	Uut	Fl 鈇	Uup	Lv 鉝	Uus	Uuo

鑭系元素	La 鑭	Ce 鈰	Pr 鐠	Nd 釹	Pm 鉕	Sm 釤	Eu 銪	Gd 釓	Tb 鋱	Dy 鏑	Ho 鈥	Er 鉺	Tm 銩	Yb 鐿	Lu 鎦
錒系元素	Ac 錒	Th 釷	Pa 鏷	U 鈾	Np 錼	Pu 鈽	Am 鋂	Cm 鋦	Bk 鉳	Cf 鉲	Es 鑀	Fm 鐨	Md 鍆	No 鍩	Lr 鐒

稀土金屬元素的比例

稀土金屬元素，共十七種

稀有金屬，共四十七種

稀土金屬的電子組態

　　17種稀土金屬元素中，有15種是鑭系元素，我們來看鑭系元素吧。

❶ 電子組態

　　右表是17種稀土金屬元素的電子組態。鈧Sc是第4週期、釔Y是第5週期的元素，最外層各為N層、O層，但兩者都是3族元素，有2個價電子。

　　15個鑭系元素全是第6週期元素，和鈧、釔一樣，最外層P層的電子都是2個。

　　從原子序57的鑭La到71的鎦Lu間，隨原子序增加的1個電子，跑到哪裡去呢？主要都跑到向內2層的N層4f軌域，但也有進入5d軌域的。

　　這是鑭系的最大特徵。

❷ 鑭系收縮

　　鑭系元素最大的特徵是元素間的物理性質彼此相似，簡直像15胞胎，因為最外層電子個數相同。

　　鑭系元素電子組態的差異在於內側的電子殼層，非常不明顯。即使如此，還是得討論鑭系元素的物理性質──鑭系收縮，即原子序越大，原子半徑越小。

　　因此，鑭系元素原子核的電荷隨原子序增加，使靜電力增加，可見原子核的影響很大。

稀土金屬元素的電子組態

軌域 元素	K	L	M	N				O				P				Q
				4s	4p	4d	4f	5	5p	5d	5f	6s	6p	6d	6f	7s…
21 Sc	2	8	9	②												
39 Y	2	8	18	2	6	1		②								
57 La	2	8	18	2	6	10		2	6	1		②				
58 Ce	2	8	18	2	6	10	1	2	6	1		②				
59 Pr	2	8	18	2	6	10	3	2	6	0		②				
60 Nd	2	8	18	2	6	10	4	2	6	0		②				
61 Pm	2	8	18	2	6	10	5	2	6	0		②				
62 Sm	2	8	18	2	6	10	6	2	6	0		②				
63 Eu	2	8	18	2	6	10	7	2	6	0		②				
64 Gd	2	8	18	2	6	10	7	2	6	1		②				
65 Tb	2	8	18	2	6	10	9	2	6	0		②				
66 Dy	2	8	18	2	6	10	(10)	2	6	(0)		②				
67 Ho	2	8	18	2	6	10	(11)	2	6	(0)		②				
68 Er	2	8	18	2	6	10	(12)	2	6	(0)		②				
69 Tm	2	8	18	2	6	10	13	2	6	0		②				
70 Yb	2	8	18	2	6	10	14	2	6	0		②				
71 Lu	2	8	18	2	6	10	14	2	6	1		②				

○最外層電子

鑭系收縮（3價離子的半徑）

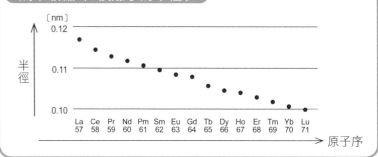

稀土金屬物理性質

稀土金屬彼此間的物理性質到底相似到什麼程度呢？我們來看看吧！

❶ 稀土金屬元素的物理性質

下表整理所有稀土金屬元素的比重、熔點、單質顏色、3價離子顏色、克拉克數排名、主要用途。

來看比重吧！除了鈧和釔，鑭系元素的比重大約在6～9，而熔點大約都在900～1500℃。

鑭系元素還有1個特徵——色彩，不管是單質或離子都有特

稀土金屬元素的性狀

元素名稱	元素記號	比重	熔點	單質顏色
鈧	Sc	2.97	1,541	銀白色
釔	Y	4.47	1,522	銀白色
鑭	La	6.14	921	銀白色
鈰	Ce	8.24	799	銀白色
鐠	Pr	6.77	931	淡黃綠色
釹	Nd	7.01	1,021	紅紫色
鉕	Pm	7.22	1,168	淡紅色
釤	Sm	7.52	1,077	淡黃色
銪	Eu	5.24	822	淡紅色
釓	Gd	7.90	1,313	銀白色
鋱	Tb	8.23	1,356	淡紅色
鏑	Dy	8.55	1,412	淡黃綠色
鈥	Ho	8.80	1,474	黃色
鉺	Er	9.07	1,529	粉紅色
銩	Tm	9.32	1,545	淡綠色
鐿	Yb	6.97	824	銀白色
鎦	Lu	9.84	1,663	銀白色

殊的美麗色彩。

❷ 稀土金屬元素的資源價值

稀土金屬是現代科學產業不可或缺的資源，甚至引起國際間的爭奪戰。

稀土金屬元素的地殼蘊藏量以克拉克數表示。據說蘊藏量最多的稀土金屬元素是鈰Ce，有60ppm，是所有元素的第25名。最少的是銩Tm、鎦Lu，有0.5ppm，約排第60名，但與汞的0.2ppm（第65名）、金Au及鉑Pt的0.005ppm（第74、75名）比起來，還算很多。關於這一點，我們下一節再談。

3價離子的顏色	克拉克數ppm（排名）	主要用途
無色	23（31）	輕量合金
無色	33（27）	YAG雷射
無色	30（28）	稀土金屬混合物，氫吸藏合金，光學玻璃
無色	60（25）	稀土金屬混合物，氫吸藏合金，螢光材料
綠色	8.2（38）	陶瓷用釉藥（黃色）
淡紫色	28（29）	YAG雷射，磁石
淡紅色	—	原子電池，螢光材料
黃色	6（40）	磁石，化學反應催化劑
淡紅色	1.2（56）	螢光材料，磁性材料
無色	5.4（41）	磁性材料，原子反應爐控制棒
淡紅色	0.9（58）	磁性材料
黃色	3（44）	磁性材料，螢光材料
黃色	1.2（57）	YAG雷射用添加劑
淡紫色	2.8（47）	光纖，色玻璃
綠色	0.5（60）	光纖，色玻璃，放射線測定器
無色	3.4（42）	YAG雷射用添加劑
無色	0.5（61）	實驗用材料

10-4 稀土金屬的精製

自然界有很多金屬以氧化形態存在於礦石，稀土金屬的礦石中混有多種稀土金屬，精製過程必須進行氧化物還原以及稀土金屬分離的雙重操作。

❶ 還原

稀土金屬與氧的結合力很強，和一般金屬不同，無法以氫或碳還原得採用以下兩種危險而昂貴的還原法，因此稀土金屬的價格高漲。

Ⓐ 電解法

將無水的氯化物加熱溶解，再進行電解。因為會產生氯氣，需要除氯氣裝置。這個方法只要能夠供應大量電力，即可以大量生產。

Ⓑ 熱還原法

將稀土金屬與氟的化合物──氟化物，與鈣金屬混合，加熱還原以得到金屬。這方法適用於製造少量、高純度的稀土金屬。

❷ 分離

要分離彼此性質相似的稀土金屬，非常困難，因此可以直接利用稀土金屬混合物（Mischmetall）。

Ⓐ 溶劑萃取

將稀土金屬溶於酸，做成溶液，再混入適當的有機物與溶劑，可使特定的金屬移動到溶劑，適用於精密分離，但價格高、操作麻煩。

Ⓑ 沉澱法

在稀土金屬的酸性溶液中加適當的沉澱試劑，讓金屬與試劑

形成化合物而沉澱。不同的沉澱試劑，可以讓不同的稀土金屬沉
澱。

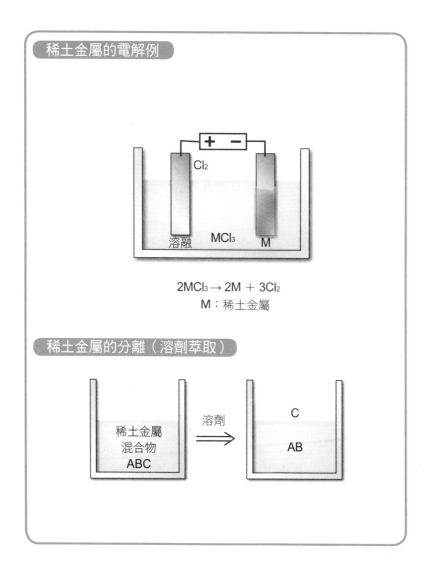

稀土金屬的電解例

Cl_2

溶融　　MCl_3　　M

$$2MCl_3 \rightarrow 2M + 3Cl_2$$
$$M：稀土金屬$$

稀土金屬的分離（溶劑萃取）

稀土金屬
混合物
ABC

溶劑

C

AB

10-5 稀土金屬的生產

日本所利用的稀土金屬，有90%自中國輸入，稀土金屬只在中國生產嗎？

❶ 稀土金屬礦石

稀土金屬和所有金屬一樣，以礦石存在於自然界，稀土金屬礦石特殊之處在於1種礦石中，混有多種稀土金屬。

目前已知，有4種礦石蘊含稀土金屬，分別是氟碳鈰鑭礦（bastnaesite）、磷鈰鑭礦（monazite，又名獨居石）、磷釔礦（xenotime）及離子吸附型稀土礦。本書將各礦石所含的稀土金屬種類整理成右表。在氟碳鈰鑭礦和磷鈰鑭礦中含有鑭La、鈰Ce、釹Nd的比例各自在10%以上，比例很高；離子吸附型稀土礦中主要含有釔Y、鑭、釹；磷釔礦則含有多種的稀土金屬。

❷ 稀土金屬的產地

右下圖標示4種礦石的主要生產國，主要是中國、印度、馬來西亞、澳洲、美國。但大家最近才認識稀土類金屬的重要性，今後若能做大範圍且仔細的檢索，其他國家應該也能發現。儘管如此，大家還是看好歐亞大陸，中國或許將不再具有優勢。

現在，包括美國在內的許多國家都自中國輸入稀土金屬，並非因為只有中國才產出稀土金屬，而是只有中國願意精製稀土金屬，當成商品出售。

因為精製稀土金屬需要大量電力與勞力，而且還會產生很多環保問題。目前願意接受這種問題的國家，只有中國*。

礦石的稀土金屬含量比率

	Y	La	Ce	Pr	Nd	Sm	Eu	Gd	Tb	Dy	Ho	Er	Tm	Yb	Lu
氟碳鈰礦	△	◎	◎	○	◎	△	△	△	△	△	△	△	△	△	△
磷鈰鑭礦	○	◎	◎	○	◎	○	△	○	△	△	△	△	△	△	△
磷釔礦	◎	△	○	△	△	△	△	○	○	○	○	○	○	△	○
離子吸附型礦石	◎	◎	○	○	◎	○	△	○	△	○	△	○	△	△	△

【氧化物之含有率】△：0～1%、○：1～10%、◎：10%～

稀土金屬的產地

日本的進口情形

● 氟碳鈰礦
● 磷鈰鑭礦
● 磷釔礦
● 離子吸附型稀土礦

*審訂註：中國具備精製的技術，工資較廉而且對汙染管制較不嚴格，故在開發經濟的考量下投入生產，唯近年來已漸趨嚴格管制。

稀土金屬的發光性

映像管彩色電視普及，日本的日立家電打出「Kido color」系列彩色電視商品，特色是鮮明、美麗的色彩。日語「Kido」意指明亮度，也是「稀土」的發音，而塗在映像管的螢光物質屬於稀土金屬元素。

❶ 發光

金屬利用電子發光的現象，應用在日常生活，如：水銀燈（日光燈）及鈉燈等。這些燈的發光原理如下，是在安定的狀態下（基態），填入低能量軌域a的電子，會吸收電能ΔE，而移動到高能量軌域b，成為激發態。

但，激發態不安定，所以電子會立刻回到原本的軌域，成為基態，並放出多餘的能量ΔE，成為光。因此光的波長（顏色）與軌域a、b間的能量差ΔE有關。

就稀土金屬元素而言，軌域a、b都是f軌域，所以能量差等於可見光的能量。右表整理目前電視所用的螢光劑種類及發光顏色。

❷ 雷射

雷射用於切割各種材料及醫療手術的工具。雷射是光的一種，具有波長與波動，能量強大，必須以稀土金屬作為發光源，尤其是需求量大的YAG雷射，須將稀土金屬元素加入它的基本成分：釔Y、鋁Al、石榴石（矽酸鹽）等。在醫療方面，還依用途加入釹Nd、鉺Er、銩Tm、鈥Ho等，宛如稀土金屬的綜合展示場。

稀土金屬的發光原理

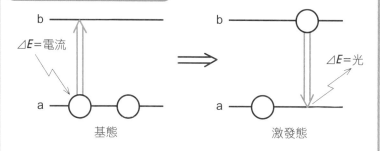

基態

激發態

$\Delta E=$ 電流

$\Delta E=$ 光

電視畫面色彩成分的化學式

	映像管電視	電漿電視
紅	$Y_2O_2S-Eu^{3+}$	$(Y \cdot Gd)BO_3-Eu^{3+}$
綠	$Ga_2O_2S-Tb^{3+}$	Zn_2SiO_4-Mn
藍	$ZnS-Al-In_2O_3$	$BaMgAl_{14}O_{23}-Eu^{3+}$

稀土金屬的雷射應用

你知道嗎？用來除斑的雷射治療，也是利用稀土金屬元素喔！

啪！

10-7 稀土金屬的磁性

一般依物體是否具有磁性分為磁性體和非磁性體。可以成為磁石的物質，以及可以吸附磁石的物質，即磁性體。

❶ 磁場與磁性

若對磁性體施加外部磁場H，磁性體會產生磁化強度M。磁化強度M會隨H的增加，沿曲線OA增大，並在A點達到磁飽和，減少外部磁場，M會減少，但不會順著曲線OA減少，而是循著新曲線AB減少。

像這樣來回會呈現不同曲線的現象，稱為磁滯現象（hysteresis）。當外部磁場歸為0，磁性體會殘留B的磁化強度，稱為頑磁現象。施加相反的外部磁場C，M才會變為0，這個外部磁場C稱為抗磁力。

頑磁現象和抗磁力可作為永久磁石的性能指標，頑磁現象越大、磁性越大，抗磁力越大、磁石越安定。優良的磁石要兼顧這兩種特性。

❷ 稀土金屬和磁性

長久以來大家愛用的永久磁石為鋁鎳鈷合金，是鋁Al、鎳Ni和鈷Co製成的合金。但1984年日本發明稀土金屬磁石，改變情勢。鐵、硼、釹做成的釹鐵硼磁鐵，是目前最強的磁石，用於手機和汽車等馬達。但因含鐵容易生鏽，必須鍍鎳。

另外，以釤Sm和鈷做成的釤鈷磁鐵，儘管磁力比釹鐵硼磁鐵差，但具有350℃的耐熱度。由此看來，稀土金屬對磁石來說都是不可或缺的。

磁性的變化

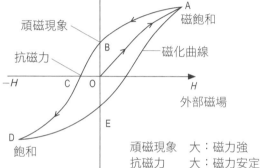

M磁化強度（每單位體積的磁性）

A 磁飽和

頑磁現象

B

抗磁力

磁化曲線

−H C O H

外部磁場

E

D

飽和

頑磁現象　大：磁力強
抗磁力　　大：磁力安定
永久磁石：利用強磁性體（抗磁
　　　　　力大）的頑磁現象。

稀土金屬元素磁性的應用

（汽車）

噗噗…

振動

（手機的振動）

10-8 稀土金屬的超導性

超導指在沒有電阻的狀態下，某種金屬和金屬氧化物的燒結體，冷卻到固定溫度下出現的現象。

① 超導及應用

1911年，汞第一個被發現具超導性，臨界溫度為絕對溫度4.19克耳文。

人們發現超導是很多元素都會出現的狀態。右上圖為常溫高壓下，顯現出超導狀態的單質，若將高壓下出現超導狀態的元素算進去，約有50種元素，金屬元素的三分之二都具超導性。稀土金屬元素的鈧Sc、釔Y在高壓下有超導性，而所有鑭系元素在常溫下都具超導性。

超導狀態無電阻、無發熱，可讓大電流流過線圈，能製造強力電磁石、超導磁石。現在多將超導運用於超導磁石，如：腦部斷層掃描MRI及磁浮列車等。

② 高溫超導體

超導的問題在於臨界溫度常比絕對溫度低，因此只能用液體氦當成冷媒，而氦的資源減少也是一大問題。因此科學研發臨界溫度在液態氮（77K、–196℃）以上的高溫超導體。

1986年，科學家觀察到用稀土金屬鑭La形成的La–Ba–Cu–O燒結體，臨界溫度約30K，終結高溫超導體的研發競賽。1987年還利用稀土金屬釔Y，研發臨界溫度為90K的Y–Ba–Cu–O混合物，結構如右下圖所示。

現在，據說在實驗室有臨界溫度高達160K的實驗物，但無法讓線圈成形，未能實際運用。

週期表中具有超導性的元素

	1	2	3	4	5	6	7	8	9	10	11	12	13	14	15	16	17	18
1	H																	He
2	Li	Be											B	C	N	O	F	Ne
3	Na	Mg											Al	Si	P	S	Cl	Ar
4	K	Ca	Sc	Ti	V	Cr	Mn	Fe	Co	Ni	Cu	Zn	Ga	Ge	As	Se	Br	Kr
5	Rb	Sr	Y	Zr	Nb	Mo	Tc	Ru	Rh	Pd	Ag	Cd	In	Sn	Sb	Te	I	Xe
6	Cs	Ba	鑭系元素	Hf	Ta	W	Re	Os	Ir	Pt	Au	Hg	Tl	Pb	Bi	Po	At	Rn
7	Fr	Ra	錒系元素															

常溫下具超導性的元素
高壓下具超導性的元素

各種超導體的臨界溫度

臨界溫度（K）

0 20 40 60 80 100 120 140 160

金屬：Pb、Nb
金屬相關化合物：Nb₃Sn、Nb₃Ge
銅氧化合物：(LaSr)₂CuO₄、YBa₂Cu₃O₇、Bi₂Sr₂Ca₂Cu₃O₁₀、Ti₂Bi₂Ca₂Cu₃O₁₀、HgBa₂Ca₂Cu₃O₈

釔的混合物（Y-Ba₂Cu₃O₇-x）結構

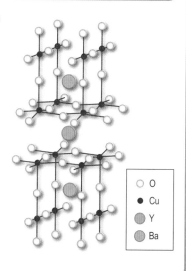

○ O
● Cu
Y
Ba

鋼系元素

	1	2	3	4	5	6	7	8	9
1	₁H								
2	₃Li	₄Be							
3	₁₁Na	₁₂Mg							
4	₁₉K	₂₀Ca	₂₁Sc	₂₂Ti	₂₃V	₂₄Cr	₂₅Mn	₂₆Fe	₂₇Co
5	₃₇Rb	₃₈Sr	₃₉Y	₄₀Zr	₄₁Nb	₄₂Mo	₄₃Tc	₄₄Ru	₄₅Rh
6	₅₅Cs	₅₆Ba	鋼系元素	₇₂Hf	₇₃Ta	₇₄W	₇₅Re	₇₆Os	₇₇Ir
7	₈₇Fr	₈₈Ra	鋼系元素	₁₀₄Rf	₁₀₅Db	₁₀₆Sg	₁₀₇Bh	₁₀₈Hs	₁₀₉Mt

鋼系元素	₅₇La	₅₈Ce	₅₉Pr	₆₀Nd	₆₁Pm	₆₂Sm	₆₃Eu
鋼系元素 → 鋼系元素	₈₉Ac	₉₀Th	₉₁Pa	₉₂U	₉₃Np	₉₄Pu	₉₅Am

第 11 章要認識錒系元素。錒系元素包含鈾 U、鈽 Pu、釷 Th 等具放射性的元素，因核能發電而深受矚目，其中包含存在於自然界的元素與人造元素。

10	11	12	13	14	15	16	17	18
								₂He
			₅B	₆C	₇N	₈O	₉F	₁₀Ne
			₁₃Al	₁₄Si	₁₅P	₁₆S	₁₇Cl	₁₈Ar
₂₈Ni	₂₉Cu	₃₀Zn	₃₁Ga	₃₂Ge	₃₃As	₃₄Se	₃₅Br	₃₆Kr
₄₆Pd	₄₇Ag	₄₈Cd	₄₉In	₅₀Sn	₅₁Sb	₅₂Te	₅₃I	₅₄Xe
₇₈Pt	₇₉Au	₈₀Hg	₈₁Tl	₈₂Pb	₈₃Bi	₈₄Po	₈₅At	₈₆Rn
₁₁₀Ds	₁₁₁Rg	₁₁₂Cn	₁₁₃Uut	₁₁₄Fl	₁₁₅Uup	₁₁₆Lv	₁₁₇Uus	₁₁₈Uuo
₆₄Gd	₆₅Tb	₆₆Dy	₆₇Ho	₆₈Er	₆₉Tm	₇₀Yb	₇₁Lu	
₉₆Cm	₉₇BK	₉₈Cf	₉₉Es	₁₀₀Fm	₁₀₁Md	₁₀₂No	₁₀₃Lr	

11-1 錒系元素的電子組態

　　週期表中，3族元素最下面一格的元素群，是原子序89的錒到103的鐒Lr，這15個元素統稱為錒系元素，特徵是不穩定而具放射性。

❶ 錒系元素的種類

　　前面6個錒系元素，是錒Ac、釷Th、鏷Pa、鈾U、錼Np、鈽Pu，雖然量少，但仍存於自然界，其他錒系元素不存在於自然界，是人造的。

　　人們曾以為存在於自然界的元素只到鈾，所以稱鈾（原子序92）之後的元素為超鈾元素。錒系元素並沒有安定同位素，皆具有放射性，只能在有限時間內存在。

❷ 錒系元素的電子組態

　　錒系元素的電子組態如右表所示，與鑭系元素非常相似。

　　所有錒系元素最外層電子是位於Q層7s軌域的2個，新加入電子填入內層的6d軌域，或者更內層的5f軌域。和鑭系元素一樣，錒系元素的化學性質幾乎相同。

　　錒系元素的特性並非來自電子的變化，而是來自原子核反應，也就是說，各錒系元素的性質與反應的差異十分鮮明，具不同的放射性，並可以持續發出放射線，不管是做研究實驗或實際使用，都必須在取得執照的機構，以專業器具來處理。

用週期表看錒系元素

錒系元素

錒系元素的電子組態

○：最外層電子

軌域 元素	K	L	M	N				O				P				Q
				4s	4p	4d	4f	5s	5p	5d	5f	6s	6p	6d	6f	7s…
89 Ac	2	8	18	2	6	10	14	2	6	10		2	6	1		②
90 Th	2	8	18	2	6	10	14	2	6	10		2	6	2		②
91 Pa	2	8	18	2	6	10	14	2	6	10	(3)	2	6	(0)		②
92 U	2	8	18	2	6	10	14	2	6	10	3	2	6	1		②
93 Np	2	8	18	2	6	10	14	2	6	10	(4)	2	6	(1)		②
94 Pu	2	8	18	2	6	10	14	2	6	10	(5)	2	6	(1)		②
95 Am	2	8	18	2	6	10	14	2	6	10	7	2	6	0		②
96 Cm	2	8	18	2	6	10	14	2	6	10	(7)	2	6	(1)		②
97 Bk	2	8	18	2	6	10	14	2	6	10	(8)	2	6	(1)		②
98 Cf	2	8	18	2	6	10	14	2	6	10	(9)	2	6	(1)		②
99 Es	2	8	18	2	6	10	14	2	6	10	(10)	2	6	(1)		②
100 Fm	2	8	18	2	6	10	14	2	6	10	(11)	2	6	(1)		②
101 Md	2	8	18	2	6	10	14	2	6	10	(12)	2	6	(1)		②
102 No	2	8	18	2	6	10	14	2	6	10	(13)	2	6	(1)		②
103 Lr	2	8	18	2	6	10	14	2	6	10	(14)	2	6	(1)		②

能存在於自然界的錒系元素只有最前面的6個，我們來看這些元素的性質。這些元素單質的比重、熔點、顏色如右上表所示。

其他錒系元素都由人工合成，這6種元素在自然界的量也十分些微，無法研究物理性質及反應。

❶ 錒Ac

錒會放出強力的α射線，能在黑暗中發出藍白色的光。存於自然界的錒元素幾乎是半衰期21.8年的位素——^{227}Ac。鈾衰變會產生^{277}Ac，使^{277}Ac持續存在於自然界，像這樣鈾→釷→鏷→錒的變化系列，稱為錒衰變鏈。

❷ 釷Th

釷不僅有劇毒，純釷磨成粉末還會氧化自燃。因為可當作未來的原子反應爐燃料而深受矚目，據說產量豐富的印度已經有實驗爐以此燃料運轉。

❸ 鏷Pa

鏷是比重15.37、熔點1575℃的銀白色金屬，有劇毒，且放射出的α射線與鈽相同，具有強烈致癌性，幾乎沒有實際用途。

❹ 鈾U

原子反應爐的燃料，詳細內容見下一節。

❺ 錼Np

錼是原子反應爐中，由鈾衰變成鈽的中間體，目前除了原子電池的熱源，沒有其他顯著用途。

❻ 鈽Pu

　　鈽是劇毒物質，因為α衰變會放熱*，能維持一定的熱度，若體積較大，投入水中可以讓水沸騰。通常可在核廢料中發現，可當高速滋生反應爐的燃料。

錒系元素的性質

元素	比重	熔點〔℃〕	顏色
Ac	11.06	1,050	銀白色
Th	11.72	1,750	銀白色
Pa	15.37	1,575	銀白色
U	18.95	1,130	銀白色
Np	20.25	640	銀白色
Pu	19.84	713	銀白色

錒衰變鏈

*審訂註：各種衰變都會放熱，但鈽238的衰變熱（decay heat）很大。

11-3 鈾的同位素

　　最重要的錒系元素是鈾！核分裂使鈾成為原子反應爐的重要燃料。但日本在福島核災後，深受輻射威脅，對於原子反應爐的必要性及存在產生各種討論及看法。

❶ 原子反應爐

　　原子反應可以分為利用核融合的核融合爐，與利用核分裂的核分裂爐。前者利用2個氫原子，核融合成1個氦原子來產生能量，尚處於實驗階段，不能實用。

　　核分裂爐（以下稱原子反應爐）利用大原子核分裂所產生的能量，現在在運轉中的原子反應爐全是這種類型。除了使用鈾當燃料的原子反應爐，還有用鈽當燃料的高速滋生反應爐。

　　目前考慮用釷做反應爐的燃料，但未能實際有效應用，也有使用鈾和鈽的混合氧化物為燃料的原子反應爐，屬一般型。

❷ 鈾的核分裂

　　天然的鈾有3個同位素^{234}U、^{235}U和^{238}U，^{238}U的存在量將近99.3%，^{235}U只有0.7%，可以當成的原子反應爐燃料的只有^{235}U。

　　為了讓鈾當原子反應爐的燃料，必須提高^{235}U的濃度，進行濃縮。同位素的化學性質都一樣，所以只能用物理方法來濃縮，將鈾變成氣體──六氟化鈾UF_6，再經過好幾階段的高速離心機，$^{235}UF_6$較易氧化而可與$^{238}UF_6$分離。

　　無法當成燃料的^{238}U稱為耗乏鈾，可利用比重大小，做成穿透力大的砲彈、穿甲彈，以及可以潛入地層引爆的特殊炸彈。

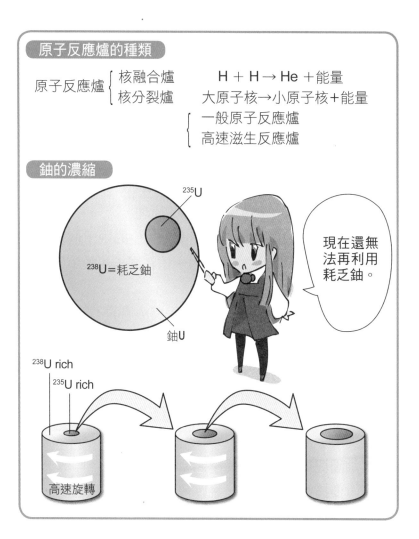

原子反應爐的種類

$$原子反應爐 \begin{cases} 核融合爐 & \text{H + H} \rightarrow \text{He} + 能量 \\ 核分裂爐 & 大原子核 \rightarrow 小原子核 + 能量 \end{cases}$$

$$\begin{cases} 一般原子反應爐 \\ 高速滋生反應爐 \end{cases}$$

鈾的濃縮

^{235}U

^{238}U＝耗乏鈾

鈾U

現在還無法再利用耗乏鈾。

^{238}U rich
^{235}U rich

高速旋轉

鈾最大的特徵是會進行分枝連鎖反應（branched chain reactions）。

❶ 鈾與中子的反應

以中子撞擊^{235}U，鈾原子核會分裂好幾個小原子核（核分裂產物），放出強大能量，同時產生好幾個（N個）中子。這些中子再與其他N個^{235}U撞擊，每個中子都產生強大的能量及N個中子。

以這樣的方式，反應重複好幾代（N代），以指數型（N^n）擴大，達到爆炸的程度。這是原子彈的原理。

但，要讓核分裂達到爆炸的程度，產生的中子個數N必須大於1，所以如果要讓$N=1$，反應必須永遠在同一規模下變化，$N<1$反應會在某時間點結束。

這樣簡單的道理決定原子彈與原子反應爐的不同。

❷ 臨界量

鈾不是只有1個原子，鈾金屬以龐大的原子團塊形態存在。與原子的大小比起來，原子核小到可以忽視它的存在。照射鈾團塊的中子，為了誘發核分裂，一定要撞擊到原子核，但撞擊的準確率是無限小。

若是鈾團塊很小，中子撞擊到原子核前會偏離團塊。衝進團塊的中子，要撞擊到原子核，鈾團塊必須大到某種程度。此時鈾的質量稱為臨界量。

鈾超過臨界量，即使不動也會爆炸。儲藏鈾的鐵則是不可以讓鈾超過臨界量。但1999年日本東海村的核災即忽略這條鐵則，讓鈾超過臨界量。

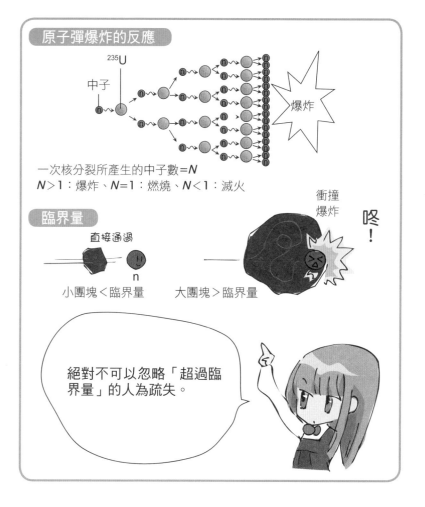

原子彈爆炸的反應

^{235}U

中子

一次核分裂所產生的中子數＝N
$N>1$：爆炸、$N=1$：燃燒、$N<1$：滅火

臨界量

直接通過

小團塊＜臨界量　　　大團塊＞臨界量

衝撞
爆炸

咚！

爆炸

絕對不可以忽略「超過臨界量」的人為疏失。

11-5 原子反應爐的要素

　　試著想像如何組裝一個使用鈾的原子反應爐吧！理論上，累積到超過臨界量的鈾（燃料棒），會產生核分裂的連鎖反應，產生爆炸，但這不是原子反應爐要的，而是原子彈。

❶ 控制棒

　　要製造原子反應爐而非原子彈，必須讓1次核分裂所產生的中子數N在1以下。但N無法人為控制，人們只能以某種東西吸收多餘的中子，這種吸收材料稱為（中子）控制棒。

❷ 減速材料

　　核分裂所產生的中子是動能高，能夠高速旋轉的高速中子。但，^{235}U有難以與高速中子產生反應的性質。為了有效地發生反應，必須變成降低速度的低速中子（熱中子），而降低速度所用的材料為減速材料。

　　但，中子不會對電流及磁性有感應，要降低速度不得不用其他物體衝撞中子。若此物體的質量過大，衝撞到的中子會以同樣速度折返。為了降低速度，必須用與中子質量相近的物質來衝撞，最適合的是氫原子H，所以拿水H_2O來當成減速材料。

❸ 冷卻劑

　　核能發電是以原子反應爐產生的熱，使發電機運轉，這個發電機與火力發電的發電機一樣。原子反應爐相當於火力發電的鍋爐。

　　將原子反應爐產生的熱，傳到發電機的熱媒稱為冷卻劑，常用的冷卻劑是水，水可以當作冷卻劑，也可以當作減速材料。

鈾的應用①：中子控制棒

^{235}U　分裂　核分裂產物　＋　中子　吸收

中子控制棒

鈾的應用②：中子減速材料

砰

衝撞到大質量物體
的中子會彈回來

水可以當成減速材
料，也可以當成冷
卻劑，一定要小心
處理。

相反地，
變成我被
撞跑。

砰

碰到相同質量的物體
中子速度會降低

原子反應爐的結構與運轉

我們來看看原子反應爐的結構與運轉吧！

❶ 原子反應爐的結構

右圖為原子反應爐的結構簡圖。在鈾團塊的燃料棒間插入可以上下活動的控制棒。

原子反應爐周圍以1次冷卻水包圍，此冷卻水以熱交換器將熱交給2次冷卻水，水本身不會排到原子反應爐機組外。包圍著原子反應爐的機組可以阻隔原子反應爐所產生的放射線，不外洩到外面。

❷ 原子反應爐的運轉

將控制棒插入燃料棒的期間，原子反應爐內沒有充足的中子，不發生核分裂。抽出控制棒的同時，中子增加，發生核分裂，然後到達適當的中子數量，原子反應爐開始運轉。原子反應爐由控制棒的上下來控制。

原子反應爐產生的能量（熱）透過冷卻水傳到發電機，但布滿原子反應爐內的1次冷卻水，有可能受到放射線的汙染，因此只能將熱傳到原子反應爐外，而冷卻水必須留在原子反應爐的機組內，必須用熱交換器將熱傳給2次冷卻水。

❸ 核分裂廢棄物

原子反應爐若運轉，會隨核分裂產生各種核分裂廢棄物。這些廢棄物相當於原子彈的「死灰」，是具有高放射性的危險物，必須嚴格管理。這些廢棄物會隨著原子反應爐的運轉，不停增加，必須好好檢討這些廢棄物的處理。

到達使用壽命的原子反應爐必須報廢，但裡面有堆積如山的放射性物質，有些半衰期很長。要管理原子反應爐直到這些放射

線的強度降到自然程度，不危害生物體，需要很長的時間。

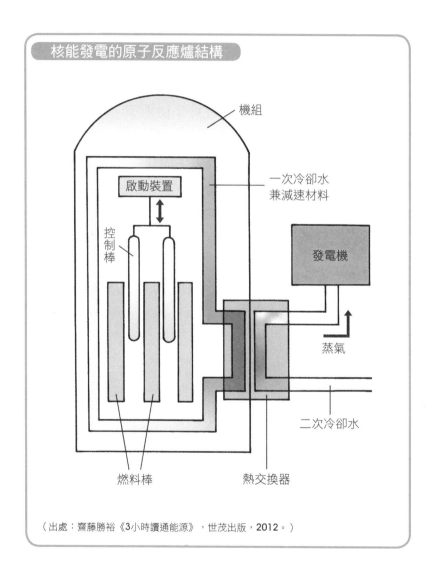

核能發電的原子反應爐結構

機組

一次冷卻水
兼減速材料

啟動裝置

發電機

控制棒

蒸氣

二次冷卻水

燃料棒

熱交換器

（出處：齋藤勝裕《3小時讀通能源》，世茂出版，2012。）

11-7 高速滋生反應爐

　　高速滋生反應爐是使用「高速」中子讓燃料增殖的原子反應爐。

❶ 原理

　　高速滋生反應爐讓燃料經過核分裂，產生能量，同時再生更多的燃料，達到如此效果的關鍵在於：快中子。我們來看看原理吧！

　　在原子反應爐的燃料中混入^{238}U，與快中子反應，會因為核反應產生^{239}鈈Pu。鈈可以進行核分裂，成為原子彈的材料，實際上落在日本廣島的原子彈是用鈾製成的，但落在日本長崎的則用鈈做成。

　　鈈^{239}Pu進行核分裂，會隨能量的產生，形成快中子。

　　高速滋生反應爐的原理：以^{238}U包圍^{239}Pu來製造燃料，讓^{239}Pu核分裂，在產生能量的同時產生快中子，再讓快中子與^{238}U反應變成^{239}Pu，使^{239}Pu再生。

❷ 冷卻劑的問題

　　反應爐的問題在於冷卻劑。^{238}U變成^{239}Pu需要快中子，但冷卻劑是同為減速材料的水，所以快中子會減速變成熱中子，無法製造燃料^{239}Pu。

　　減速材料要在適當溫度下成為液體，而且質量要小，合乎此條件的減速材料是金屬鈉（質量23、熔點97.8℃）。

　　但，鈉具有激烈的反應性，會與空氣中的濕氣反應，產生爆炸。而水泥含有大量的水，高溫的鈉接觸到水泥，即有可能產生氫爆炸。

鈽的核反應

$$^{239}Pu + n \longrightarrow 核分裂產物 + 能量 + 高速中子$$

鈾的核反應

$$^{238}_{92}U + n \longrightarrow {}^{239}_{92}U \xrightarrow{\beta衰變} {}^{239}_{93}Np \xrightarrow{\beta衰變} {}^{239}_{94}Pu$$

非　　高
燃　　速
料　　中
　　　子

$$t_{\frac{1}{2}} = 24m \qquad t_{\frac{1}{2}} = 56h$$

燃
料

鈽的組成變化

氫爆炸反應

$$Na + H_2O \longrightarrow NaOH + \frac{1}{2}H_2$$

爆炸・誘發

　　原子序92之後的原子稱為超鈾元素，因此超鈾元素不僅存在於錒系元素，也存在於4族元素，目前所知的超鈾元素排到原子序118、18族的Uuo為止。

❶ 超鈾元素的性質

　　原子核有安定與不安定之分。比鐵Fe大的原子核不安定，會分裂或衰變成較小的安定核，通常會變成鉛Pb的同位素。

　　因此，原子序大的超鈾元素會在原子反應爐運轉的途中壞掉，物性及反應都不固定，即使比較小的超鈾元素較安定，也會發生到前一節為止我們所談到的情形。

❷ 新元素的命名法

　　元素的命名法依據IUPAC（國際純粹暨應用化學聯盟）所訂定的命名法，嚴密規定與分子結構相對應的唯一名字。

　　但是並沒有關於元素「正式名稱」的命名法，正式名稱由最早發現元素的人決定，再由IUPAC學會認證，成為正式名稱。然而，在決定正式名稱前，要經過複雜的認證過程，十分耗時。

　　因此在決定正式名稱前，元素以暫定名稱來稱呼。這個暫定名稱有非常嚴格的規定如下：由原子序決定，而原子序以表上標示數字唸法的詞來表示，最後加上字尾ium；但，2個同樣的母音並排時，要去掉1個，再讓第一個字母大寫。

　　所以，若原子序為125，名稱則為1（un）+2（bi）+5（pent）+ium=unbipentium，元素記號為Ubp。

元素的命名法

數字	1	2	3	4	5	6	7	8	9
英文	un	bi	tri	quad	pent	hex	sept	oct	enn

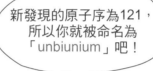

索引

11劃

12劃

國家圖書館出版品預行編目資料

3小時讀通週期表 / 齋藤勝裕作；曾心怡
譯. - - 初版. - -新北市：世茂, 2014.07
　　面；公分. - -（科學視界；172）

ISBN 978-986-5779-40-5（平裝）

1. 元素週期表　　2. 元素

348.29　　　　　　　　103009837

科學視界 172

3小時讀通週期表

作　　者／齋藤勝裕
審 訂 者／劉廣定
譯　　者／曾心怡
主　　編／陳文君
責任編輯／石文穎
出 版 者／世茂出版有限公司
負 責 人／簡泰雄
地　　址／(231)新北市新店區民生路19號5樓
電　　話／(02)2218-3277
傳　　真／(02)2218-3239（訂書專線）、(02)2218-7539
劃撥帳號／19911841
戶　　名／世茂出版有限公司
　　　　　單次郵購總金額未滿500元（含），請加50元掛號費
世茂官網／www.coolbooks.com.tw
排版製版／辰皓國際出版製作有限公司
印　　刷／祥新印刷股份有限公司
初版一刷／2014年7月
　　三刷／2016年11月

Ｉ Ｓ Ｂ Ｎ／978-986-5779-40-5
定　　價／320元

讀者回函卡

感謝您購買本書，為了提供您更好的服務，歡迎填妥以下資料並寄回，
我們將定期寄給您最新書訊、優惠通知及活動消息。當然您也可以E-mail：
Service@coolbooks.com.tw，提供我們寶貴的建議。

您的資料（請以正楷填寫清楚）

購買書名：＿＿＿＿＿＿＿＿＿＿＿＿＿＿＿＿＿＿＿＿＿

姓名：＿＿＿＿＿＿＿　生日：＿＿＿年＿＿月＿＿日

性別：☐男 ☐女　E-mail：＿＿＿＿＿＿＿＿＿＿＿

住址：☐☐☐＿＿＿＿縣市＿＿＿＿鄉鎮市區＿＿＿＿路街
　　　＿＿＿段＿＿＿巷＿＿＿弄＿＿＿號＿＿＿樓

　　聯絡電話：＿＿＿＿＿＿＿＿＿＿＿＿

職業：☐傳播 ☐資訊 ☐商 ☐工 ☐軍公教 ☐學生 ☐其他：＿＿＿

學歷：☐碩士以上 ☐大學 ☐專科 ☐高中 ☐國中以下

購買地點：☐書店 ☐網路書店 ☐便利商店 ☐量販店 ☐其他：＿＿＿

購買此書原因：＿＿ ＿＿ ＿＿ ＿＿ ＿＿ ＿＿（請按優先順序填寫）

1封面設計　2價格　3內容　4親友介紹　5廣告宣傳　6其他：＿＿＿

本書評價：＿＿ 封面設計 1非常滿意 2滿意 3普通 4應改進
　　　　　＿＿ 內　 容 1非常滿意 2滿意 3普通 4應改進
　　　　　＿＿ 編　 輯 1非常滿意 2滿意 3普通 4應改進
　　　　　＿＿ 校　 對 1非常滿意 2滿意 3普通 4應改進
　　　　　＿＿ 定　 價 1非常滿意 2滿意 3普通 4應改進

給我們的建議：＿＿＿＿＿＿＿＿＿＿＿＿＿＿＿＿＿＿
＿＿＿＿＿＿＿＿＿＿＿＿＿＿＿＿＿＿＿＿＿＿＿＿＿＿
＿＿＿＿＿＿＿＿＿＿＿＿＿＿＿＿＿＿＿＿＿＿＿＿＿＿

傳真：(02) 22187539
電話：(02) 22183277

生活智慧・暢享多元・智富品味

生活智慧・暢享多元・智富品味

廣告回函
北區郵政管理局登記證
北台字第9702號
免貼郵票

231新北市新店區民生路19號5樓

世茂
世潮 出版有限公司 收
智富